Roger Caillois

BELLONE ou la pente de la guerre

ロジェ・カイヨワ　　秋枝茂夫訳

戦争論　われわれの内にひそむ女神ベローナ

りぶらりあ選書／法政大学出版局

目次

序

私がある好意的な申し出でに応じてこの本の第二部を公にしたのは、一九五一年のことであった。しかし、このときの出版はまださささやかなものであり、発行部数も限られていて、そのうえ、第一部を付け加えなければならぬものだった。この未熟な部分的出版にかわるものとして、私の意図に充分に答える著作を完成するために、私は二年を見込んでいた。けれどもその後いろいろな研究にいそがしかったため、この著作に結末をつけようと決心するまでには、一〇年以上もの年月がたってしまった。しかもなお、こうしてできたこの著作は、私がはじめに意図した分量には遠く及びもつかない。

それというのも、日がたつにつれて幾つかのすぐれた著作が現われたため、私が気おくれしてしまったからである。これらの著作は私の著作よりもより独特なもので、またはるかに実質的であり調査のゆきとどいたものであった(1)。私はすっかり絶望し、このような厖大な知識にはとても比肩できないと考え、またそれらの知識を利用する時間がないのを残念に思った。仕方なく私はこの著作を、なるべく簡潔な、骨子のみとはいわぬまでも、観念を提示するだけのものにすることにした。この種の著作をこのような形で書くことは、はなはだ危険なことであって、観念を説明するだけでは失敗作に終わるのが普通である。

一九五一年、〈戦争の眩暈〉と題されたこの第二部が仮の論集として出版されたときには、(2)その他にさらに三つの研究がこの論集に収録されていた。これらの研究はこの第二部と同様に、集団的生活に見られるいくつかの重要な現象のなかで、情熱と想像力とがどんな効果を及ぼしているかを記述したものであった。それ故この第二部も、戦争そのものの研究ではなく、戦争が人間の心と精神とを如何にひきつけ恍惚とさせるかを研究したものであった。とはいえそこで私が意図したことは、まず戦争の発展のいくつかの主要な段階を素描し、戦争がその仕組みにおいて如何に密接不可分に国家の発達と結びついているかを示し、この両者はたがいに相手を鍛えあうものであること、また戦争は決闘と無差別大量殺戮とのあいだをゆれ動いていること、を示すことであった。そしてさらに、戦争という社会的な重みが恐るべき圧倒的な現実となってすでにわれわれのうえにのしかかってきていることを述べ、それに付随する危険として、個人個人の意識のなかにその目くるめくばかりの反響が現われてきていることを明らかにしようとしたのである。

一九五四年、この本の第一部となるべき論文の一部を雑誌に発表したとき、そこで意図したところを、私はほぼつぎのように規定した。〈国家と軍隊とを一体化しようとする傾向は、国民戦争を生む一方、平等で全体主義的な国民を生む結果となった。とはいえ、これとは逆のことも起こり得たはずなのである。すなわち古代中国に見られるように、文明が軍隊と国民とを分離しようと努力しこれに成功した場合がそれである。西欧キリスト教社会においても、中世からフランス革命に至るまでのあいだ、いろいろな方法でこれと同様の努力がなされた。人間が何千年にわたって面と向かい合いながらいまだに満足な解決を与えることのできない重大なジレンマの一つは、まさにこのようなものなのである〉と。そして私は次のように結論した。〈このジレンマは、つぎのような単純な形に表わすことができると思う。すなわち、もし人間の社会的不平等が法制化され、祭礼、習慣、法律によりそれが維持されれば、一般的にいって、戦争は限定され、作法を重んじ、流血の少ない、遊戯あるいは儀式のようなものとなる。しかしながら、もし人間が権利上平等であり、公の仕事に平等に参与している場合には、戦争は、無制限で仮借なき大量殺戮戦にかわってゆく傾向を持つ。現在までのところ人間は、一方で社会的平等を実現しながら、その一方で戦争を限られた流血の少ないものにしてゆくという、この両方の面に同時に成功することはできなかったといえよう〉。

現在完成したこの著作の意図するところは、以上のようなものである。私の恐れが如何に広範なものであり、私の結論がなぜかくも遠慮がちであるのかも、そこから推察することができるだろう。結局私は、モンテスキューの考えは正しかった、と信じている。彼はある著作のなかで、〈政治とは音のしない鑢である〉といっている。この言葉は、ゆっくりと目立たず進むものこそが、政治を支配している惰性的重力をいつの日か克服するものなのだということを、たくみに表現している。

第一部　戦争と国家の発達

第一章　戦争の原形態と小規模戦争

戦争は集団的、意図的かつ組織的な一つの闘争である。こう初めから定義しないかぎり、人は戦争を理解することができない。単に武器を用いた闘争であるというだけでは、まったく不充分である。戦争という事実そのものを構成するものが暴力であるということは、私も認める。しかし、どんな暴力でも戦争といってよいかというと、そうではない。この点をはっきりしておかなければならない。個々ばらばらのなぐり合いがいくら集まっても、これを戦争と呼ぶものはあるまい。

それぞれの陣営の内部で行なわれる国力結集の努力は、戦力と資材のぶつかり合う戦闘そのものと比べて、まさるとも劣らぬ重要な意味を持っている。いやむしろ、より大きな関りを持っているといってもよい。なぜなら、それは平時においても存続し、戦争状態への復帰を可能にするものだからである。

戦争の本質は、そのもろもろの性格は、戦争のもたらすいろいろな結果は、またその歴史上の役割は、戦争というものが単なる武力闘争ではなく、破壊のための組織的企てであるということを、心に留めておいてこそ、はじめて理解することができる。

戦争については、法律家が、戦術家が、政治家が、数多くの異なった定義を下している。それらの定義はほとんどみな、満足すべき何かをもっている。それというのも、戦争があまりにも複雑な現象であって、いかほど多くの定義をしてみても、その実態を汲みつくすことができないからである。さらにまたこの実態は、ひとの思い及ばぬほどに変化する。未開人の一部族が近隣の住民に対してしかけた襲撃と、マレシャル・ド・サクス(一)が行なった戦争と、近代的な全体戦争の在り方とを比べるとき、これら三者のあいだにはさして共通するものもない。文明が発達するにしたがって、戦争は消え去るどころか、かえってその外延を増大し、強烈の度を深め、普遍性を増してゆく。それはより大きな空間を、より多くの人びとを、より多くの物を巻きこんでゆく。殺戮の度もますます強まってゆく、といまここでいうつもりはない。ただ私は指摘しておきたい。それは、戦争のやり方というものは、それがいかなる所、いかなる時代で行なわれるにせよ、その時点における文明の状態とまったく密接に関係している、ということである。戦争の行ない方という言葉は、戦争を行ないうる方法、と言い換えてもよい。なぜなら戦争は、しようとおもえばいつでもできるものだからだ。戦争がこのように、各地各時代の文明にあまりにも密接に関係している以上、あらゆる場合について戦争のもつ諸々の価値と力とを計りうるような、そのような一つの尺度を求めることは無駄であろう。

戦争は文明とは逆のものだともいわれるが、道徳的見地あるいはその語源からいうのでなければ、これも正確ないい方ではない。戦争は、影のように文明につきまとい、文明と共に成長する。多くの人びとがいうように、戦争は文明そのものであり、戦争が何らかの形で文明を生むのだというのも、これまた真実ではない。文明は平和の産物であるからだ。とはいえ、戦争は文明を表出している。実のところ戦争は、社会のある一つの在り方以外の何物でもない。一国の国民が、その生産諸力の全部あるいは一部を、破壊的仕事あるいは破壊から身を守るための仕事にふり向けるという、そのような一つの在り方以外の何物でもない。領土の広さ、政治制度の性質、技術発達の度合い等は、第一義的要素として、各各の抗争に独自の相貌を付与する。各々の社会が戦争遂行のためにふり向けようとする人口の割合、資源の割合、国力の割合、戦争を企てた時の決断と熱意、こういった要素がまた、いろいろ異なった形態の戦争の、量と密度とを規定する。戦争の形態は社会の形態に対応しており、社会の主要な特性をうつし出す。このような視点から見るとき、戦争をいくつかの形態に区別することができる。その一は、階級差のあまりない社会の戦争であって、初歩的な手段を用い初歩的な制度のもとに、部族が抗争する。その二は封建社会、階層化された社会の戦争であって、専門化した貴族階級の機能として現われる。第三の帝国戦争は、より複雑な文化と統一性をもったある国民が、力によって周辺の民族にその支配を広げ、組織された全体のなかにそれら民族を包合しようとする時に行なわれる。第四のそれは国民戦争といわれ、強国がその人的資源と物的資源とをぶつけ合うものである。

これらあらゆる戦争のうちには、人の死がある。しかしこの死は、あまり比較できぬような、また時として明らかに対立するような、いろいろな条件のもとで、与えられ受けとられる。これらの戦争はそれぞれ、他の別種の人間行動に、非常に類似した点を持っている。原始的な戦争は、狩猟に近いものである。この場合敵というのは、急襲すべき一つの獲物にすぎない。封建時代の戦争は、儀式にまた遊戯に似ている。そこでは機会均等ということが注意深く守られ、実際の勝利よりも象徴的勝利の方が求められる。これに反し、帝国戦争では、勝負は平等なものではない。この種の抗争を定義づけるところのものは、実のところ、資力と武器の不平等そのものなのである。一者が他者と戦うというよりも、むしろ、よりよく装備されたものがより弱きものを吸収するのである。前者は後者を、同化してしまう。そのなさんとするところは、えてして、軍事的というよりむしろ、行政的なものである。さて、一国民と他国民とのあいだに行なわれる戦争においては、たがいのあいだの平等性は確立されてはいるが、おのおのはその国力のかぎりを傾注し、相手が降伏を申し出るようにするための、あらゆる手段が必要とされる。したがって、そこで行なわれる殺戮は、過度ということ、野蛮ということを知らない。この戦争は、無慈悲な打撃の連続であって、そこに人の求めるものは、それらの打撃が効果的である、ということだけだ。

あらゆる要素が錯綜していることは、いうまでもない。これらの形態が、それぞれ純粋な状態で存在することはない。ひとつひとつの戦争が、そのなかに、他のあらゆる種類の抗争の特徴となるものを、いくつか合わせ持っている。とはいうもののこれらの特徴は、その性質とは異なるある総体のなかに、種々の別の法則に従うある総体のなかに、埋没してしまっているのである。これらの特徴は残渣であり、いずれでしかなく、大勢に影響を与えるものではなく、本質を示すというよりは、奇異なものとして現われるだけである。

この四つの区別から、ひとつの一般的原則を、苦もなく引き出すことができる。すなわち、戦争を苛烈なものにするのは、勇猛さでも、敵闘精神でも、残酷さでもないということだ。それは、国家というものの、機械化の度合いである。国家の持つ統制力と強制力であり、国家というものの持っている数多くの構造とそのきびしさである。人類の歴史全体を通じて、国家権力はきまって戦争を、おのれのために利用した。そしてその一方、戦争の本質を少しずつ変えていったのは、国家権力の伸長そのものであった。戦争をして、二〇世紀初頭以来、絶対的なものと呼ばしめるよう仕向けたものは、国家権力の伸長であった。

一　原始的戦争

未開社会がその最高潮に達するときは、戦争ではない。それは祭りである。祭りは、最高度の社会的きずなであり、集団的存在の至高の点をなしている。その社会へのつながりの、その社会での活動の、その社会での消費の、頂点をなしている。祭りは多くの個人を集合し、攪拌し、その感情を熱狂的な沸騰にまでもってゆく。日常生活上の諸々の規律をひっくり返し、一瞬のうちに彼らの活力と富とを費消する。これとは逆に戦争は、日々の単調さを辛うじて断ち切るだけである。平時からはっきりと区別されるような戦時はない。宣戦布告や休戦調印といったようなおごそかな行為によって、一つの状態から他の状態に移行するということもない。戦時と平時は合致しており、二つながら常に存在する。極端な場合には、一つの集団が、大規模な軍事行動を行なってはいないにもかかわらず、近隣の集団に対して恒常的な敵対関係にある場合もある。そこで一人びとりが他部族のものに出会った場合には、相手を殺すか、さもなくば殺されることになろう。それらの戦いは、腕力による戦いか待ち伏せ程度のものであって、それに参加する戦士の数も少ない。戦争は、一血族にとっての問題であり、あるいは一宗団にとっての問題である。また多くの場合、かくかくの掠奪行動あるいは報復行動を目的として組織され、それがすみしだい解散するような、一時的な集団にとっての問題なのである。

そこには、組織的な軍隊は存在しない。外敵の侵入や近隣村落への掠奪などで戦争が起これば、成年男子人口の全部が戦いをする。定期的に遠征を行ない、それによって資材の大部分を獲得するような、好戦的な部族もある。一般にこれら部族は、遊牧民あるいは山地住民である。農耕民は、多くの場合平和的である。南アフリカのマナンサ族のように、戦闘を拒否し、平和を金で贖うような部族さえある。

戦争の原因となるものも数多くあり、とらえ難い。単に戦闘を好むという性質や、栄光への欲望も、かなりの大きな役割を果たす。これらの社会のうちには、若者が、人を一人殺してからでなければ成年のうちに伍すことを許されない、といった社会もあることを記憶せねばならない。族長の威光が、その家の閾をかざる頭蓋骨の、塚の高さによって計られるようなところもある。放牧地や狩猟区域の区分け、水源の所有、鮭をとるに必要な堰の位置、家畜の分配なども、武力抗争のもととなる数多くの動機を与えている。また別の場合、奴隷や婦女を得ることが、また人身御供や保存用の人頭を得ることが、動機となっていることもある。婦女を獲得することは、褥の伴侶を得るためよりも、むしろ労働力を得ることが目的であった。戦争と狩猟との間の区別も、常に明確だとは限らない。とくに、敵を追いたてることが快楽として求められているような場合や、食人の風習が捕えた人間を獲物として食うところにまで至った場合はそうである。[1]

戦争の行為にもいろいろある。小は偶然のぶつかり合い、ののしりや打撃を早々に交し合う単なる小ぜり合いをはじめとして、男という男をみな殺しにし、婦女子を連れ去り、村落を焼くような、殲滅的遠征に至るまで、さまざまである。とはいえ戦争は、これらの極めて異なった現われ方のなかに、いくらかの変らぬ特性を保っている。反逆、策略、待ち伏せなどは、ほとんどいつも行なわれる。敵を待つため、急をつくためには、身をかくす。身をかくすことなく敵を襲うことは、滅多にない。整然たる戦闘や、平等な条件での戦いは、敬遠される。同じような防具をつけ同じように武装した相手が、合図とともに対峙するというような、個人的決闘、集団的決闘の形はとられず、狩猟や暗殺者のような条件で、おのれの姿を見られぬようにして相手を殺すことが、むしろ本則とされる。

とはいえ原始的戦争は、ごく急速に進化して、より微妙なものとなる。そこでは、より複雑な、あるいはより安定した社会体制と名誉感が、前提とされる。戦争に関する法が成立し、戦争のための固有の手段、すなわち規律をもち訓練を積んだ軍隊が現われた段階に至っては、おそらくもうこれを、原始的戦争と呼ぶことはできない。もはや、無差別的社会について語ることはできない。法的規律の介入と正規軍の召集とは、この社会がすでに一つの国家となったことを証している。

二　戦争と国家の発生

多くの歴史家が、国家の起源に戦争があるという説を容認している。[2] しかしこれは早計というべきであろう。とはいえこの速断は、容易に説明することができる。すなわち彼らは、戦争が権力の集中を助長するという事実を、かなりはっきりと見ているのである。一人の首長があると、人は戦争期間のあいだ、この首長の意見によりよく従い、その意見をよりよく尊重する。もし首長がいなかった場合には、その時こそ首長の現われるべき時なのである。その時には、自然な仕方で無政府的であった一つの場においても、より緊密な協働への要求が感ぜられるようになる。呪術師、長老、富者、雄弁な者等が、いろいろな地位からいろいろな働きかけを行なうが、それも限度があって、安定したものではない。(3) 比較的反対者の少ない権威者が、反抗者を服従させ、ある種の資材を共有化し、私的ないさかいも一時中断させる。ときには、危険が感ぜられるために、住居地を変えることもおこる。常々はいくつかの離れた部落に分かれて住んでいた同血族のいくつかの集団が、一時、隣りあって村をつくり住むこともある。同時に人びとは、種々の制約を課されることも、比較的容易に了承する。そして条件のよい場合には、専門化した本当の強制権力が出現する。戦争が長びけば、この権力は恒久的なものとなる。首長の権威は強化される。連合が成立すれば、この権威は、いくつかの部族にまで及ぶものとなる。種まきや収穫の時期にまで戦闘行動が続く場合には、農耕従事者と戦士とのあいだで、社会的業務を分担する必要が生じる。また、戦いに勝ち、敗者を隷属させた場合には、賤民あるいは奴隷といった下層階級が生じ、これを監視し働かせることが必要となる。多くの歴史家にとっては、この事実が決定的なものであるようにおもわれたのである。社会のなかに抑圧搾取機構が生まれるのは、征服の結果である、とディーリー(二)は考えた。ジェンクスは、諸々の社会の諸々の制度は、軍事的な原因から生まれる、と考える。〈国家は、一つの人間集団が他の人間集団を支配するところから生じた。国家の存在をその根本から正当化する理由、つまりその存在理由は、被征服者を経済的に搾取することにあったのであり、それはいまもそうである〉、とオッペンハイマー[三]は書いている。ケラー[四]の意見も同じである。〈国家は、その源において、戦争の一産物である。何よりもそれはまず、征服者と被征服者との間に課された、強制的平和という形で存在する〉。ベアード[五]はこのような意見を、ひとつの仮定としてではなく、〈多くの学者の調査の結果にもとづく〉確たる結論、とみている。

いかなる根拠づけをするにもせよ、この理論は、それが絶対的な仕方で提示されているわけではないにもかかわらず、かなりの説得力をもっている。しかしそこでは、多くの要素が無視されている。なかんずく宗教的信仰の果たす役割が、何ら考慮されていない。さらに、このような問題においては、原因と結果とを区別することが、かなり難しい。つまるところ、支配民族と被支配民族とを無理に組み合わせ、そこに自動的に国家の起源をあてはめることは、経験的事実というよりは、むしろひとつの見解に過ぎない。これに比べれば、個々の確かな場合について、政治制度は戦争を行なうことによって着実に進歩するということを、確認することこそ肝要である。たがいに隣接し近親関係にあるバ・ヤカ族とバ・ムバラ族[六]の二部族について、トーデイとジョイスが行なった示唆に富む研究は、この点とくに貴重なものである。この二つの部族のうち、後者は平和的な部族であって、社会的分化のほとんどない状態にとどまっている。これに反し、前者は非常に戦闘的な部族であって、きびしく分層化した封建的構造をもっている。いま一つの典型的な例は、一人の首長のもとに治められているズールー族の王国構成である。この首長は洋式の軍律についての知識を持ち、これを自分の周囲に実行しようと考え、またそれを行なう力を持っていた。アフリカにおいてダホメの諸部族は、真の国民国家を形成していたといえる数少ない例のうちに数えられる。一人の絶対君主が、諸部族をその王権の下に統一していた。彼は、その臣下の生命と財産の所有者であった。彼はまた、常備軍と専門化した警察も持っていた。このような組織は比較的新しくできたものであるが、その起源は不可解なものではまったくない。すなわち、征服と奴隷の交易がそれなのである。(4)

いわゆる国家というものの形成には、まず、その組織が固定化することが前提とされる。そうしてはじめて、領土関係が、部族的組織の特徴である血族的つながりを、徐々に凌駕してゆく形になる。第二にそれは、政治体制の複雑化が始まることを、前提としている。この複雑化は、国家形成の結果として始まることもある。まず民衆は、武士狩猟民と農耕牧畜民とに分裂する。この二者のほかに、より少数の祭司階級が存在することもある。この分裂が征服によって生まれたものか、ローマ建設にまつわる物語がおもわせるような連合によるものか、また社会的な仕事を分担することにより生じたものかは、あまり重要なことではない。まず銘記すべきことは、この分裂という事実である。居住地が固定していることと、補助的諸階級が存在することは、国家の基礎となる二つの条件であるが、この二つはともども、戦争と密接な関係を持っている。新しく生まれた国民国家が、防衛にあるいは領土の拡大につとめるのは、そのためである。一つの社会が、戦闘者階級と生産者階級という連帯的な階級に分裂するという現象は、戦争が原因となって起こるのであり、また戦争によって維持されるのである。

同じ人間が、戦時には鋤を捨て剣をとって戦闘員となり、平時には剣を捨て鋤をとって生産者となるという方式は、後代に現われたものらしく、またあまり広まらなかった。この方式は、社会の複雑化がさらに進んだ段階に対応するものである。この場合には、幹部が、伝統が、集合の場が、またいろいろな役割や単位集団を前もって配分することが、必要とされるからである。要するに、動員を行なうための技術が必要とされる。そのほか、田野を、収穫を、家畜を、つづけて世話する者が必要となる。もちろん最も初歩的な社会においても、人びとを熱狂させることにより、無秩序な軍隊をつくることは可能である。しかしひとたび問題が組織的な軍隊をつくることとなると、各々が戦士と農耕者という二つの役割を持ち、その一つから一つに支障なく移ることを可能にするような、そのような構造を実現しうることは稀れである。このような体制を共和国と呼ぶことがよし妥当であるとしても、これが当然かつ直接的な帰結であるとは、まったく思われない。いくつかの職能を、二、三の世襲的集団のあいだで分担することの方が、なんといっても、ずっと頻繁に要求されていたらしい。これが、封建的タイプの階層化社会を生む。もはや戦争は人びと全部に関る事柄ではなくなり、ある少数の専従者のみの仕事となる。ここから意外な諸結果が生じてくる。すなわち、戦争というものが、あるひとつの場合と他の場合とでは、まったく相反する性格を持ってくる、という事実である。

これら二つの戦争形態について述べるまえに、帝国戦争と植民地戦争の性質を、性格づけておくのがよいと思われる。この二つはともに、戦力がはなはだしく不平等な相手を、対決せしめる戦争である。

三　帝国戦争

帝国戦争あるいは植民地戦争は、圧倒的に多量なあらゆる種類の戦争手段を用いて行なわれる、国外遠征である。これらの戦争手段は、物質的なもののみならず示威的なものをも含み、軍備上の技術から行政機構にまで及んでいる。科学と工業と制度とが組み合わされてできたこの戦力の有効性を減殺することができるものは、距離だけしかない。

歴史の流れのほぼ全体を通じて、空間的距離という力と、地表の障害物という抵抗とは、容易には乗り越えられぬ障害として、戦争を制約した。よりすぐれたより殺傷力のある兵器によって優勢を保ち、遠距離大量輸送に適した輸送手段によって優位にあろうとも、この二つの制約に打ち勝つことはできなかった。

こうしてみると、植民地戦争というものは、わたくしが後に帝国戦争と呼ぼうとしているところの戦争の、特権的な一変種のようにおもわれる。もっともある点からみれば、前者は後者の、近年における変質形態、あるいは後年生まれた代用形態、ともおもわれる。後者は、現代に至るまでの歴史が経験したところの、ほとんどすべての戦争形態を含んでいるからである。

すべての帝国が征服によってつくられたということ、すなわち、戦争に勝ち、領土と住民とを併合することによってつくられたということは、よく知られている。後に大国をつくるべく運命づけられていた民族も、はじめは、その周囲に住む民族と、さして異なるものではなかった。ただ、ごく簡単なものながら、彼らが一つの市民社会的軍事的構造を持っていたことだけが、他と違っていた。しかし、このことがすでに彼らをして、周囲の民族の上に立たしめるに充分な理由をなしていた。この優位性は、時を経るとともに増大していった。ローマの歴史、イスラムの歴史、元の歴史、アステックあるいはインカの歴史は、この点不思議なほどに符合するように思われる。これらどの場合も、規律が蛮勇に勝ち、厳密な経済が無秩序な濫費に勝ち、着実な方法が急激な行動や不安定や不注意に勝つことを示している。

そうなるともう戦争は、安定した複雑な制度などもたない部族同士のあいだに行なわれるような、小ぜりあいや待ち伏せの連続ではなくなってしまう。それはまた、二つの軍団の衝突でも、二つの国民の衝突でもない。この種の戦争の特徴は、本質的な不均等性にある。それ故これは、むしろ一種の警察行動に似ている。一方には、はじめ弱小かつ単純なものではあったが、後にだんだんと拡大し強力になったところの、制度の整った国家がある。他方には、この国家とは同じ水準に達していない民族がある。そして、前者は後者を服従させつつ吸収し、後者に対して、前者の持つ習俗、技術、制度、信仰、偏執、はては悪徳までも、学ばせあるいは強制する。

イスラムとは、〈征服〉を意味している。すなわち、好戦的で不安定かつ無政府的な小民族を、政治的宗教的、さらにまた経済的、軍事的な統一組織に、統合することを意味している。征服は、いつも力によって行なわれるとは限らない。自然な形での合併や、合意や要望に応じて、意志的に併合の行なわれた場合も数多くある。エデュアン族(七)の代表者たちは、自分たちはガリアの国をシーザーに与えたのだとして、ローマ元老院にたいして公式に誇りをもっていた。有力な民族が、帝国の構成員としての特権を亨受せんがために、帝国への帰属を願い出ることもある。また、帝国が、余りに凶暴な習俗を持った民族の併合を、あきらめることもある。あるインカ皇帝が、未開部族の征服を試みた。ところが、その征服戦役のさなか、これら部族の習俗に対してはげしい怒りを感じた彼は、自分の軍勢をまとめて引き返してしまった。そして彼はいった、〈これらの人間はわれわれに服従するに値いしない〉、と。これらインカ皇帝が被征服民族に対して課した条約のなかには、人身を生贄とすることを禁止する条項があった。これらの条約には、そのほか、ラマやビクーニャ(八)の飼育、新しい金属の使用、農業潅漑の諸技術の応用、住居を定め、動物の皮で作ったトルド(九)のかわりに草ぶきの小屋に住むこと、などが盛りこまれていた。アステックは、戦争を始めるまえに、つぎつぎに三つの使節団を派遣した。これらの使節団は、相手が受け入れるべきいろいろな条件を伝えるためのものであったが、これらの条件は、きわめて寛容なものであった。すなわち、帝国の祭る諸々の神をあがめ、貢物を納める、というのである。これらの使節は華麗な衣裳をまとい、贈物をたずさえていった。人びとは、香と花とをもって、これらの使節を接待しなければならなかった。これらの使節が非礼な扱いを受けた場合には、ただちに戦端がひらかれた。

このように猶予期間をもうけ、段階的に儀式を行ない、相手に印象づけようとすることは、まず説得の効果に期待し、盛大な威容が相手を眩惑することを期待していたためである。このような誘いが徒労となったときにのみ、暴力にうったえた。同様にして、ローマはこのような場合、軍団を送って威嚇すると同時に、合併の有利さを説いて相手を引きつけようとした。こうしてローマは、恐怖と羨望という二つの異なる手段を同時に用いた。この点モンテスキューの分析は、決定的な明晰性をもっている。

帝国戦争は、平和と文明とをもたらす。それは服従した民族を、より大きいより進歩した組織のなかに組みこむ。帝国は、その財宝を、資源を、軍隊を、増大させる。ということは、周辺に住む規律もなく弱小な集団と帝国とのあいだの差は、ますます大きくなるということだ。とはいえ、併合はよい結果ももたらす。すなわち、征服者と同等の位置におかれるにせよ、半隷属の状態におかれるにせよ、被征服者もまた、帝国の行政体制のなかに、政治活動のなかに、組みいれられるからである。一方、軍事行動についていえば、これは被従属集団を吸収するために時として必要となるが、これが帝国のもつただ一つの戦争形態である。帝国の戦力は、軍隊の数においても、訓練においても、装備の点でも、軍事技術においても、広くは物的、財政的、精神的なすべての点で相手に勝っているので、その勝敗は目にみえている。事実、砂漠とか山脈といった地理的障害や、別の帝国に出会うまで、帝国は拡大しつづける。二つの帝国が衝突した場合には、その抗争は別の性格をとる。というのは、ここで争う二つの社会は、戦力と領土の点では同等ではないにしても、同等な複雑性をもち、同じような進化段階にある社会だからである。アーノルド・トインビーの説くような歴史観が、このような明白な事実の上に立てられていることを思えば、右のような指摘のもつ意味は、おのずと明らかであろう。

帝国戦争は、平和をうちたてることのできる唯一の戦争である。この戦争の勝利は、決定的なものであり、くつがえすことができない。彼我の勢力に違いがあるため、被征服者は征服者のうちに吸収され、たとえ前者が独立を保ったにせよ、報復する可能性はなくなってしまう。被征服者に課された桎梏があまりに苛酷なものであった時には、反乱の起こることもある。けれどもこの反乱は絶望的に起こされたものであって、力関係を正確に判断したうえでなされたものではなく、それゆえ、成功することはほとんどない。むしろそれは、被征服者をさらに抑圧する機会となるだけであって、これを戦争と呼ぶことはできない。

被征服者によって起こされたこの種の戦争が、もし成功することがあったとしても、この勝利は消滅してしまう。被征服民族は征服民族に吸収され、彼らと征服者社会とを隔てている間隙は埋められてしまう。そして帝国が瓦解するときには、同水準に位するいくつかの民族が拮抗する結果となる。植民地主義の時代において、帝国戦争といわれるような戦争を行なうため他の大陸の発達のおくれた民族に戦争をしかけるのは、このためである。

ヨーロッパのいくつもの国家が海外の広大なる植民地に対して行なった遠征は、まさにこれであった。しかし、こうしてできた状態も、永くつづくものではない。一八世紀の末から一九世紀にかけて、まずアメリカが独立した。ついでアジアの諸国が独立し、近くはアフリカ諸国が独立した。帝国戦争は、ある水準の文明を伝播させることに貢献した。おそらく、商業がなした以上の貢献をしたようである。そして、帝国戦争そのものが許容されないような等質的な世界においては、この文明が戦争を起こさせなくしている。工業、軍備、軍事技術、工業技術、制度、精神的価値といったものほど、輸出しやすく、借用しやすく、伝わりやすいものはない。これらの技術は、しばらくして、もとの発明者そのものを攻撃するために用いられることもある。このような事実は、ますます明白なものとなってくる。そればかりではない。一切がそこに集まってくる。武器の密輸ばかりでなく、イデオロギーが、人権宣言が、そこにからみあう。いろいろなナショナリズムが生まれ、熱狂的な様相を呈するが、その一方、ナショナリズムを超克するために創られた大規模な国際機構は、その使命を全うするにはほど遠く、その権能は限られている。そして歴史は、ナショナリズムのもつ愚かしさとその害悪の恐しさを、示しつづけて止まない。

四　貴族戦争

歴史的にみると、戦争は、狩猟と武芸試合とのあいだを、また殺戮とスポーツとのあいだを、振り子のように揺れ動いている。敵対状態は戦争にとって基本的な要素であるが、この要素は戦争を、陰謀という形態の方に向かわせることもあり、また決闘という形態の方に向かわせることもある。実際上自立的ないくつかの藩領に分かれ、戦うという仕事がある特権的カーストによって占められているような封建制社会においては、この第二の傾向が著しく助長される。その場合戦争は、一つの規律ある抗争という形で現われ、そこには、遊戯にみられるようなすべての約束事の性格が見出される。戦争は、ある限られた時間・空間のなかで、厳密な法にのっとって行なわれるということが、了解されている。ある種の戦法は禁じられている。無防備の敵を攻撃すること、また予告なし攻撃を行なうことはない。そればかりではない。そこで求められているものは、相手を殺すことでも抹殺することでもない。相手が降伏したと申し出れば、それでよいのである。

意識的に課されたこれらのいろいろな制限は、ごく古くから見うけられる。宣戦布告をすることは、まぎれもないその一つの現われである。このおごそかな通告により、攻撃する者は、不意打ちという有利な戦法を、みずから放棄する。原始的な戦争は、戦いというよりむしろ待ち伏せが多かったので、不意打ちこそ主要な戦法であった。その後においては、均等な機会、同等な武備をもって遭遇できるような場に、敵を招致するようになる。メキシコでは、宣戦布告の際、贈り物をおくる。しるしばかりの食糧、衣服、武器などを、相手方に送るのである。戦力のない相手と戦うことは、名誉が許さぬからだ。オーストラリアでは、これから戦おうとする相手のヨーロッパ人に対して、現地人が武器を送る、という例も見られた。バ・ムバラ族は、戦いを行なうための日取りと場所を、相方で協定する。戦場となる土地は整備され、戦いの段取りも細かく決められる。北アメリカの多くの部族にも、同じような習俗が認められる。ナイジェリアのガンナワリ族は、紛争が起こってから戦闘状態に入るまでに、三日間の猶予をおく。これは、いわば〈剣を磨く〉ための時なのである。マオリ族のあいだでも、あらかじめ通告を行なうことは、一般的な習慣となっている。さらに彼らは、眠っている敵を襲うことはせず、相手にしばしば休戦を与える。また一旦勝利を得たあかつきは、相手方の戦士のうちの名だたる者をその名をもって呼び、これに答えた場合には、捕虜としてではなく賓客としてこれを遇する。(5) マドラスのコンド族は、相手方に対し、戦いの神に祈る時間を与え、みずからもこの義務を果たす。(6) 時として、ことにマレーシアでは、使節団が遣わされる。この使節団はいくらかの物品をたずさえてゆくが、それらの物品は、こちらが相手方に対して抱いている不満を、相手方を征服するために用いる武器を、また相手方に課そうとしている所遇を、それぞれ物語るような物品である。すなわち、一枚の羽根は侵攻の迅速なことを告げ、藁束あるいは黒焦げの木片は火を用いることを示し、竹のナイフは喉を切ることを意味している(7)。

文明が洗練され、貴族的になるに従って、戦闘も法制化される。バラモン教時代のインドでは、社会体制が僧侶階級、武士階級、平民階級の三つにきびしく分けられていたが、戦争に関する諸法律も、きびしく制定されていた。マヌーの法典によれば、針の仕込まれた棒、とげのついた矢、毒矢あるいは火といった卑怯な武器は、その使用が禁じられている。この法規には、戦士たるものが手を上げてはならぬいろいろな場合が、長ながと列挙されている。〈車上にある時は徒歩の敵を打ってはならず、柔弱な者、手を合わせて慈悲を願う者、髪のくずれた者、虜となることを願う者、寝ている者、鎧をつけていない者、裸の者、武器を持たぬ者、戦いを見ているだけでそれに加わらぬ者、他の者と戦っている者、武器がこわれた者、悔いに悩む者、重い傷を負った者、卑怯な者、逃亡した者、を打ってはならぬ(8)〉。

日本においても武士道の仕来りが、貴族に対してこれと同様の行為を義務づけていた。上杉謙信は武田信玄との戦いをつづけていたが、あるとき、他の藩侯が信玄に対する塩の供給を断わった。すると謙信は信玄に多量の塩を送り、〈私は剣をもって戦う。塩をもって戦うのではない〉、といった。

中国の場合はさらに詳細な検討に値いするとおもわれるので、これについてはまた後に述べるが、西欧においても、中世以来一八世紀の末に至るまで、このような形態の社会と騎士道気質が存続し、さきにあげたような寛大さや体面を重んずる傾向があった。この傾向は、戦略のなかにまで浸透していた。

一四一五年、アザンクール(一〇)においてヘンリー五世は、夜営しようと決めていた村より先に前進した。これよりさき、彼は斥候に出る騎士たちに対して、鎖帷子を脱ぐよう命令した。それは、鎧を着たまま後退するのを人に見られないためであった。しかし彼自身はずっと鎖帷子を着けたままでいた。後退することをいさぎよしとしない彼は、そのとき到達した地点で夜営することに決め、そのためにあえて軍勢の配置を変更した。

すでに彼は、つぎのような布告を行なっていた。〈何人といえども、産褥にある女の部屋または住居に侵入し、彼女の所有になる食糧を盗みあるいは掠奪してはならない。また彼女あるいはその子供を病気ないしは危険に陥れるような恐怖を、与えてはならない……何人といえども、畠を耕し畠をならす者の所有する車、馬、牛、その他の家畜を、支払いあるいは承諾なしにわが物としてはならない……何人といえども、住居を壊し焼いてはならない。林檎、梨、胡桃、その他の果樹も、倒してはならない[9]〉。ブレミュール[二]の戦いで、イギリスのヘンリー一世はフランスのルイ六世を打ち破った。この戦いの捕虜は一四〇名、死者は三名と数えられる。オデリックはその理由を、つぎのように述べている。〈彼らは頭から足まで、鎖帷子で保護されていた。彼らは神をおそれ、ずっと以前からたがいに同僚としての関係を保っていた。これらの事実が、殺戮をなからしめたのである〉。

一般に、戦いは多くの死者をともなうものではなかった。一人の人間も、一頭の馬も失われずにすんだことさえある。戦争は、賃貸借のようなものであり、また競売における落札のようなものであった。傭兵たちの戦いかたには戦意がなく、一度敵と遭遇すればたちまち部署を放棄した。彼らの行なう戦いは、しばしばみせかけだけのものだった。合計二万の軍勢が四時間にわたって戦いながら、わずか一人の戦死者しか出なかったという例を、マキャヴェリは引いている。しかもそれは、落馬したためだったという。

戦争は、時として多くの民衆の命を奪った。しかし戦闘員の犠牲者は、多くはなかった。貴族たちは、たがいに相手を殺すことを避けた。相手を抹殺することよりも、捕虜をつくることこそ理想であった。捕えた騎士をつかって身代金をとり、傭兵を買った。戦争の様相も、少しずつ変化する。貴族が着用した華麗な兜、その頂飾り、楯、幟、旗、騎士道的標語、鬨の声。こうしたものが、血みどろの混戦を儀式的な武術競技に近いものにしていた。闘技場においても、あるいは戦場においても、同一の儀礼がまた道徳が重んぜられた。仕来りを尊重することは、武勇の誉の基であった。武勇とは勇敢な行為のことであるが、恣意的に決められた一つの規律に従いつつこれを果たすことは難しい。この種の規律は、英雄の自由な自発性を、少なからず減殺する。競争心と法制化とが、この種の奇妙な競技の二つの対極をなしている。ここで問題とされているのは、あるいくつかの制約のなかにおいて最良の者となることである。戦争は遊戯の延長線上にあるものとなり、遊戯の基本的要素であるところの場の限定、ルール、対抗関係、といった要素がはっきり現われる。つきつめていえば、戦争と遊戯とを区別するものは、ただ死のみである。とはいえ、騎士が戦争で死ぬことは滅多になく、その一方、武術競技の際、事故によって死ぬこともあった。兵員の数は減少する。戦闘そのものも、血みどろなものではなく雑然とした混乱となる。相手がひるむとみるや、一方はもうこれを勝軍とみなし、他方は破れたことを認めて、その場から退却した。

相争われる利益とても、とるに足るほどのものではなく、戦う意欲はみられなかった。人びとは、戦局の推移にも、抗争の結果にも、関心を示さなかった。ルネッサンスから一八世紀末にかけては、数多くの重要な革新が行なわれた。しかし、戦争というものの本性を本質的に変えるものは、何もなかった。戦争は、限定された抗争であった。人はそのなかで、争いの対象となっているものがさして重要なものでないことを、見失わなかった。勝負に勝つために、人びとが用いようとする戦闘手段と戦闘資財の規模は、ほぼ正確に、この争いのもつ重要性により規定されていた。戦う執念、熱狂、常規を逸した行為といったものは（熱狂的信条がそのなかに混じりあっていた場合を除き）、まったくみられなかった。軍事を担当する大臣たちは、兵士たちを訓練して、最良の兵士に仕立てようとしたが、よい兵士は数少ないばかりか、養うのに多額の金を要し、また軍隊に引き留めておくのも容易ではなかった。

貴族気質、中庸、形式を重んずる風潮、勇気と寛大さを競い合うという独特な闘争心。これらは、戦争のもつ貴族的な面のみを構成している。しかし、仕来りや礼儀を重んずるこの風潮とても、殺人、強姦、掠奪、放火を、いささかも妨げるものではなかった。騎士は、相手の騎士を捕えようとしてそれに成功すると、すぐこの捕えられた者を乱戦の外に連れ出し、安全な所においた。貴族の捕虜は、利益の源だったからである。けれども、従卒や金で雇われた兵士は、殺されたり、以後役に立たなくなるよう片輪にされた。食糧の調達は現地の住民に頼っていたので、占領した国に入るやいなや、凶悪な行為が行なわれないためしはなかった。農民の大量殺戮、村落への放火、家畜の掠奪は、普通のことであった。都市に対して行なわれた掠奪がどんなものだったかは、よく知られている。とはいえこれらの暴挙は、農民にせよ市民にせよ、勝負に関わらなかった平民に向けられていた。貴族は彼らを軽蔑していたので、怒り狂った凶暴な兵士を、わざとなすがままにしておいた。一般に、敵は粉砕するものではなく、罰するものであった。すなわち、収穫を焼き、家を焼けばよかったのである。貴族の戦争は、それなりに社会構造を反映し、またそれをあらわにしている。貴族の戦争は、貴族社会の構造を支え、またそれを強化するものだった。貴族戦争にみられるはなはだ精緻な諸規則は、同じ水準にあり同じ文化に属する者のあいだでのみ、意味を持っていた。同じ仕来りのうちに育ち、それらの仕来りを重んずることを誇る者のあいだでのみ、意味を持っていたのである。民衆は、その埒外にあった。といってもそれは、外国の民衆のことではない。別の習慣に生きる者は、野蛮人同様にみなされたのである。異なった階級の同国人に対してよりも、同じカーストに属する敵に対して、かえって連帯感が見出された。

未開人たちは、しばしば二種類の戦争を区別している。その一つは、同じ部族のなかの異なった氏族の間に行なわれる規律ある戦争であって、形式を重んじ、殺戮の少ない、遊戯に近い戦争である。いま一つは無制限容赦なしの殲滅戦であって、これは第一の種類の戦争から生じることもあるが、ほとんどの場合、未知の種族に対してのみ行なわれる戦争である。中国においても、帝国内の藩臣のあいだで行なわれる貴族的な試合のほかに、国境地帯で異民族に対して行なわれる仮借なき戦争が、いつの時代にも存在した。異民族は、獣あるいは悪魔のような性質を持つものと、考えられていた。それゆえ、彼らを抹殺するためには、いかなる手段をとってもよかったのである。後にこれらの異民族は、辺境の軍隊に組み入れられるようになる。それにより、やがて戦争の性質も変化する。王国と王国とがぶつかり合う闘争は、苛酷な、血みどろな闘争へとかわる。これはもはや、名誉のための単なる抗争ではない。これは、たがいに敵対する国民と国民との衝突である。そこでは、策略と暴力が用いられる。ここに至って、はじめて敵を粉砕することが求められる。殺戮は頻繁に行なわれるようになり、一種の力のモラルが生まれる。このモラルは、かつて行なわれていた騎士道的慣習に付随して現われることもあるが、またこれにとってかわって現われることもある。

ここでよく考えておかなければならぬのは、貴族社会の戦争規則は一つの理想を表わしているにすぎない、ということである。これらの規則は、征服欲というものを均衡のとれたものとし、また不完全な形でしか内包していない。これらの規則は、いつも消失直前の状態にあり、これを存続させるに適した要素がない限り存在し得ない。封土所有者の独立性、不断の紛争にもかかわらず彼らをたがいに結びつけている連帯性、貴族のあいだにみられる名誉感の偏重、遠征のために雇われた傭兵たちの貪欲さ。これらが、貴族社会の戦争規制を存続させた要素である。傭兵たちにとって、戦争は一つの請負い仕事にすぎない。それは金で雇われた人間の集団により、憎悪も戦意もないままに行なわれる。金が問題となる以上、倹約も必要となる。のちに国家が常備軍を保有するようになってからは、国民の全資材を戦争に投入しなければならなくなる。戦争は国家の圧力手段にすぎない。兵員の数は、事実上、はじめから限られている。戦争続行中に兵員数を増大することは、ほとんどできない。それ故、兵力はできる限り温存せねばならぬ。訓練を積んだ軍隊は、一種の確実な資本である。この資本を、一つの戦で危険にさらしてしまうのは、狂気の沙汰とみられていた。

〈当時、戦争はまったくの遊戯であった。そして、そこでカードを混ぜていたのは、時と偶然であった〉。クラウゼヴィッツはこう述べている。彼がこのような方式を書きしるした頃、銃砲、歩兵、民主主義精神等の面で多くの進歩がなされ、それによって、これまでとはまったく別種の戦争が生まれるまでになっていた。この重要な変遷について調べるまえに、若干の時をさいて、古代中国の場合をみておきたいとおもう。古代中国において、武力抗争の凶暴さをやわらげるために行なわれた試みは、人類が知る限りでの、最も忍耐強い、最も組織的な試みであった。

第二章　古代中国の戦争法

一七七二年パリにおいて、フランソワ・アンブロワーズ・ディドォ（一）の出版社から、アミオ神父（二）の訳になる紀元前中国の兵法論集が刊行された。（1）訳者の言によれば、これら兵法論の著者として最も重要なものは、司馬と呉子と孫子であるというが、彼自身はこれらの著者について、何も資料を与えていない。しかし、それはさして重要なことではない。ここで問題としたいのはこれら三人の武将ではなく、これらの武人によって編集された、戦争の行ない方についての三つの短い論文なのである。これらの論文のうちで最も古いものは「孫子」である。これは紀元前五〇〇年ごろにさかのぼり、呉の国に仕えた武将孫武が書いたものといわれる。「呉子」と題された論文は、紀元前四〇〇年ごろに書かれたもので、呉起の作である。呉起は衛の国に生まれた兵法家であるが、はじめ秦に仕え、そののち楚に仕えたが、紀元前三八一年、彼に恨みを抱く者により殺された。残る一つである「司馬法」は「司馬兵法」の略称とみられる。これは斉の威王の発案により編集されたものであって、その編集年代は紀元前三七八年ごろとすることができる。ここに集められた文のなかで最も重要なものは、紀元前五四〇年ごろの斉の武将田穣苴《デン・ジョウショウ》のものとされている。読者のなかには、アミオ神父の著書をみずから参照し、彼の功績をしのび、彼の訳になるこれらの論文を彼が読んだように読みたいと思われる方もあろう。これら読者諸氏の便宜のために、これらの細かい事柄もいくつか記載しておく。

一　戦争は災厄である

これらの兵法論は、三者とも一致して、戦争を一つの災厄とみている。孫子によれば、〈戦争をするということは、一般に、何かそれ自体悪いことである。これを企てることが許されるのは、必要やむをえざる場合のみである〉。それは、君主たるものあるいは将たるものが、ふさわしからざる者である証拠である。彼らがおのれの義務をわきまえず、政治の法を心得ず、国に尽くすことを知らない証拠である（第一二章および第一三章）。戦争として許されているのは、自衛戦争のみである。人はそれを、強いられてやむをえず行なう。敵地を侵略し、その住民の平安を乱すことは、一切の事実・経験に先だって罪悪とされる。孫子自身がそう語り、その注釈家もはっきりとそう述べている。

〈敵の所有をすべてそっくり保有すること、これが最もよいことであって、まず第一にこれを心がけねばならぬ。敵の所有を破壊することは、やむをえざることとして許されているに過ぎない。敵の都市町村部落の平静と安寧を保つことは、全幅の注意を払って行なうに値いする。敵の都市町村部落を騒がせ、これを不安に陥れることは、君主武将にふさわしからざる所業とみるべきである。もし将たる者がかくのごとく行動すれば、その行動は、有徳の人の行動と異なるものではない。天地の運行が物の破壊に向かわず、生産と保存に向かうことからしても、その行動は天地の理にかなったことである。……天は、決して流血の惨を肯んずるものではない。人間に生命を与えるのは天である。人間の命をちぢめる主も、天以外にはあり得ない〉。

呉子の説くところはこれほどまでに厳しくないが、彼は、戦争をなすべきでない状況として、主なものを列挙している。すなわち、敵がたまたま、(1)豊かな国だった場合、(2)政治がよく行なわれていた場合、(3)彼らが有徳な人びとであった場合、(4)賢人が彼らのあいだで尊ばれている場合、(5)彼らの数が多くて軍備にすぐれていた場合、(6)彼らが同盟国や保護してくれる国をもっている場合、がそれである(第二章)[2]。さらに彼は、戦争はそれを行なう国民に対して、必ず荒廃をもたらすという。〈如何なる国にもせよ、戦争を行ない、五回もの大会戦に勝ったあとでは、この国とて当然無秩序のなかにある〉(第一章)。

司馬の判断もこれと異なるものではない。争いはすべて不幸なことである。これをなるべく早く、相応の代価を払って、終結させることこそ知といえる(第五章、第一六節、第一七節)。この論文の第一章は、〈人間性について〉と題されている。そこで彼が基本的な五つの徳として挙げているのは、人間性、正義、秩序、慎重、および厳正である。これらの徳には、権力による支持が必要である。そしてこの権力は、それが尊重されるため、守られるため、報復を行なうために、時として武力に頼ることがある。よし権力が戦争を企てることがあったとしても、それは人間性を原理として行なわれるのであり、正義を目的とし、厳正を規則として行なわれるのであり、同時に、秩序と慎重の命ずるところに従ったものでなければならない。〈人が欲し求めることのできるものは、正当に要求し得るもののみである。かくあるべきである故にそれを欲することができ、かくあるべきようにそれを求めることができる〉。また、戦いの相手を愛することが必要であり、ときには徳のために勇を捨てることも必要となる。勝者の民にせよ敗者の民にせよ、民はもともと平安を享受していたのであり、また平安のうちに暮らす権利を持っている。これらの民にもとの平安を与えるためには、自らの利得を棄てることが望まれる。民にとって戦争とは、身体にとっての激しい病のようなものである。平和とは、この病が癒えることにほかならない。最も適切な、最も苦痛の少ない方法で、これを治癒することが必要である。つまるところ、戦争をすることを許す理由は、ただ一つしかない。すなわち、君主の名に価いせぬ君主の下から民を解放することが必要となったとき、このような君主を追放することがそれである。しかしその場合とても、前もって融和策や控えめな手段を、すべて構じておかなければならない。王は、不正な封臣に対していく人かの使節を送る。使節たちはこの封臣に対して、いくつかの歌を聞かせる。〈そのなかには、ある仮の君主の名において、改めるべきすべての不義が歌われている〉。この封臣をいたずらにいら立たせぬよう、配慮するためである。それにもかかわらずこの不正な封臣が、自らの不義を改めぬときには、王は自らのもとにこの封臣を召喚し、これを譴責する。ここでこの封臣であからさまな反逆に走るときには、戦争が不可避となる。戦役を開始するにあたって、王は臣下を集め、臣下たちに彼らの義務を説く。王は彼らに、徳と中庸を説き、圧制のもとから彼らが解放しようとする人びとの、人格と財産を尊重するよう命令する（「司馬法」、第一章）。

また、不適当な時期に軍事遠征を行なうことは、禁じられている。すなわち、播種収穫の時節、大暑大寒の時期、大喪の際（王父・王母の死に際しては、三年間喪がつづけられた）、天災・大疫の折、あるいは天候不順のため、彼我いずれの地にもせよ、平年どおりの収穫のなかったとき、等がそれである（「司馬法」、同右）。戦争の目的は、平安と繁栄を回復するところにこそある。王は新たな臣下をそこに封じ、新しい礼と新しい楽を選び、罰すべき九つの罪とこれに対応する九つの罰を決め、新しい主君に従うべき諸々の義務と徳とを説いた、九つの宣示を公けにする。

このような戦争観は、いとも理想化されたもののように見えるが、一見そう思われるほど、空想的なものでも非現実的なものでもない。これは、中国文明の基本的原理に合致している。人も知るように、これらの基本原理では、抑制のための戦力行使や、刑事罰、軍事制裁を行なうことが認められている。政治を行なううえで最も大事なことは、法律がその適用の材料を与えるようであってはならない、ということである。一人の行政官の職責範囲のなかで、またある封臣の封土のうちで、犯罪がおかされたり、醜聞が広まったり、暴動が生じたりすることは、その秩序の維持にあたる責任者が、徳に欠け、能力に欠けていることを示している。こうして無能を暴露された行政官は、その地位を追われる。これは、病気になってしまったものが、すぐさま無能な医者に対し金を払うのを止めるのと同様である。さらに進んでいえば、帝国領土内に反乱の生ずることは、皇帝一統のなかに腐敗の生じていることを示している。蚩尤が国を乱したということは、三皇の最後の一人である神農氏の後継者たちが、堕落していたことを意味していた。そこで黄帝は、命運の尽きた一族の背徳にかえて、新しい徳を立てた。彼は、楯と矛とを用いて、これに成功する。〈そこですべての諸侯は、こぞり来たって忠誠を誓い、畏敬と服従の念を捧げた〉。こうして秩序は回復されたが、〈それは軍事遠征によってではなく、一種の軍事パレード、すなわち武器を用いた舞踊を行なうことによってなされたのだ〉、とグラネは記している。(3)

このように戦争は、明らかに一つの病とされ、一つの災厄とされていた。古代においては、戦争を行ないながらも人は憎しみを持たなかった。この原則は常に賞讃に値いする。また人は戦争を速かに終結させる術を心得ていた。戦わざるは戦うに勝る、と各人が信じていたからである。〈何らかの準備工作により、何らかの好機により、あるいはまた策略その他を用いることにより、敵や反逆者たちを本来の義務に立ちもどらせることが可能である限り、人びとは戦うことを避けた。そして、このような勝利こそ、最も輝かしいものとされたのである。これこそが正義の勝利そのものであり、人間性の勝利であったからである〉(「司馬法」、第二章)。

要するに、人間性にもとづく法は、至高の規則とされていた。敵に対してさえも、この法を守らねばならなかった。敵とても助けを求めるときは、これを救わなければならない。彼らの主君が宣戦を布告したとしても、それは彼らの過ちではない。「孫子」に出てくる一つの挿話を思いおこしてみれば、この種の義務が如何なるものか知ることができる(「孫子」、第一〇章)(三)。人の命は、最も貴いものとされている。好きこのんで命を捨てるようなものは、一人もいない。これは誰しも認め、誰しも理解するところである。〈如何なる人といえども、不名誉をこうむることなく安穏な日々を約束されているとき、甘んじ死を受けいれることのできる者はない〉。そして「司馬法」は、最も勇敢な者の心のなかにも死をいとう自然な気持が潜んでいて、死が不可避となったときには、それが勇者をも震えさせるものだ、と記している（『司馬法』、第四章(四)）。

二　戦争の倫理

一人の王、一人の将が、戦争をせざるを得ない立場におかれたとする。このとき彼は少なくとも、流血を見ることとなくこの戦争に勝ちうるよう、すなわち、戦闘をまじえることとなくこの戦争に勝てるよう、努力しなければならない。彼はそうすることにより、おのれの有能さを証しする。こうすることにより、最高の王、最高の将となることができる。そう孫子は説いている（『孫子』、第三章）。すぐれた兵法者は、一切を無用無益に損うような危険な戦闘を行なうことなく、勝利を得ることができる。彼が原則とするところは、人は自らの過失によってこそ滅ぼされ、他者の過失によって勝者となる、ということである。勝利とは、徳と能力との当然の結果、と見られている。彼はまた、勇者、英雄、常勝不敗、といった空虚な呼び名を軽蔑する。そして、小さな過ちをおかさぬことこそ、栄誉であるとする。勝利はかならず、そこにつき従ってくるという。兵法とは、相手の士気をくじき、相手を狼狽させ、相手を倦み疲れさせるところにある。勇気のいうことには耳をかすべきではない。有能なる戦士が、ひとり壕よりおどり出でて敵に向かって挑戦し、一騎打ちを試みようとする場合には、これを押しとどめなければならぬ。以上のような勧告は、無用無益なものではまったくなかった。なぜなら、死を賭しての勇こそが、英雄的栄光とみなされ、またその根源でさえあるとされていたからである。勇猛なる戦功こそが、貴族のしるしとされていたからである。

将たる者がつつしまねばならぬ五つの危険として、過度の慎重さ、隊士におもねること、怒り、名誉偏重、必死、が挙げられている（『孫子』、第八章）。その一方孫子は、敵の退路として望ましい道からは、障害物を取り除いておくようすすめている。彼は、敵を混乱させ、不安におとしいれ、飢餓に苦しませ、贈り物や甘言を用いて士気をくじくこともすすめる。また、敵陣に娼妓を送り、官能的な音曲で士気を弱めることとさえ説かれているが、アミオ神父は、怒りをもってこれを非難している（『孫子』、第六章、第八章）。それが敵の戦意をくじくものであるならば、いかなる術策も可とされる。巧みな将は、謀略、敵将兵の買収、間諜、敵陣内の離間策等を巧みに利用するとして、孫子はあからさまにその利を説いている。そのためには、流言・中傷を広め、あらぬ疑いを起こさせ、部将たちの野心、弱み、血気をうまく利用することである。

孫子は、この種の術策についていく度か語り、とくにこの書の最終章を、すべてこの問題にあてている。そこで彼は、敵の力を弱めくじくための、五つの離間策をあげている。人民に働きかける外部離間、将兵を買収する内部離間、部将と兵士とを引きはなす上下離間、敵の宮廷に働きかける死の離間、敵から寝返った者を情をもって迎える生の離間、がそれである。これらの方法を用うれば、〈攻撃をしかけることなく、剣を抜くことさえもなく、やすやすと、敵を征服することができる〉、とこの理論家は述べている（『孫子』、第一三章）。血なまぐさい合戦が嫌悪されていたので、当然のことながらそのかわりに、策略や裏切りについてのこのような煩瑣な論議が必要とされたのであった。策略や裏切りのなかで主要な役割を果たすのは、金と偽りである。とはいえ武勇は戦士にとって最も大事な資質と考えられ、戦士が生き残ってゆく条件とさえされていた。〈戦士たるものはすべて、戦場を死に場所と考えなければならぬ。生きようとすれば死ぬ。死を恐れぬ者が、生を保証される〉(「呉子」、第三章)。

大きな軍勢は必要ではなかった。呉子はまた一種の総動員について、すなわち、公民としてまた戦士としての熱意をもって、貴族が、民衆が、また女までが奮起した場合について、よく着目している。しかし彼はすぐさま、このような無経験な変わりやすい多数を拒絶する。彼は五千人程度の職業的兵士よりなる小軍団をよしとした。このような小軍団を用いて、五万にのぼる秦の大軍を破ったことを、彼は誇りとしていた(「呉子」、第六章)。孫子も同様な意見を述べている。良将に率いられ、訓練のゆきとどいた、人数の比較的少ない軍団こそ望ましい。あまりに人数の多い軍団は、損ずるところ多く益するところ少ない(「孫子」、第六章)。「司馬法」には、その欠点が列挙されている。すなわち、掌握するに難く、補給するに難く、操兵を行なうに難い、というのである。将たりといえども、これを意のままに動かすことはできない。〈機械は勝手に動きだしてしまう。また勝手に動いていってしまうものなのだ〉。将たるものは自己の認めた欠点を正すことができず、自己の予見した不都合をさけることができないことになる(第三章)。

戦争を行なう上で、また兵法一般において、主要な徳とされているのは節度であり中庸である。武器は重すぎてはならない。さもないと兵士は武器を運ぶのに全力を使い果たし、戦うための力がなくなってしまう。軽すぎてもいけない。なぜなら、軽すぎる武器では敵を打ち倒すことができず、敵の打撃を受けとめることもできないからだ。長すぎれば扱いが難しくなり、短すぎれば打力が弱まる(「司馬法」、

第二章)。逃げる敵を、百歩以上は追わぬがよい。一日の行程は九里を越えてはならず、また三日以上にわたる行軍はよくないとされた(同、第一章)。敵軍の準備不足・疲労・不注意、敵の名将の不在・病気、風向きや太陽の位置など、これらを利用することはもちろんであるが、さらに大切なことは自分をしっかりと把握し、過大な優位を望まず、敵を絶望へと追いこまぬことである(同、第三章)。模範を示すこと、これが訓練を行なう上での重要な要素である。部下に賞讃の念を抱かしめることが、長たるものの第一の務めとされた。人間は、良きにつけ悪しきにつけ、すべて模倣する性向があるからである。非のうちどころなき武将は、部下の将校のあいだに数多くの模倣者を持ち、これら将校たちがまた部下の模範となる(同、第三章)。

かくして戦争は、徳を学ぶ一種の学校となる。兵士とて、恥を知ることを学ばねばならない。〈赤面することを知るものは、衆目の前で恥を蒙るようなことを絶対にしない。彼は、悪の陰までも避けようとする〉(「司馬法」、第三章)。しかしながら長たるものは、おのれの部隊に対して道徳的責任を持つだけではない。兵士たちが物に不自由しないよう気を配り、彼らを愛し、彼らが何を求めているか、彼らがどんな犠牲を払っているか、いつも心得ていなければならない。〈汝の部隊の兵士を愛せよ。彼らが助けを必要とするときはこれを助け、彼らが必要とする便益は、すべてこれを与えよ。彼らが疲労困憊していたとしても、それは彼らが好きでしていることではない。彼らが飢をたえしのんでいたとしても、それは彼らに食べる気がないためではない。彼らが死線に身をさらしていたとしても、それは彼らが生をいとうためではない。これらすべてのことに、宜しく慮いを致して欲しい〉(「孫子」、第一〇章)。

戦いにたずさわるものは、如何なる徳をそなえたものであろうとも、所詮多くの誘惑にさらされているので、彼らを盲目的に信頼することはできない。識見のある君主は、武人たちの特権的要求を抑制するよう、絶えず心がけていた。そして、彼らには富も権力も与えないようにしている。彼らには武力があるからそれでよい。識見ある君主は、武人よりも文人・哲人を尊び、武人たちを秩序に呼びもどし、彼らを良道に導くことが、文人・哲人の役目であるとしている（「司馬法」、第二章）。

戦争の倫理とはこのようなものである。そこには、人間性を根強く追求する一つの思想がみられる。そこには、あらゆる流血と暴力とを防ごうとする、いとも細心な倫理があった。それがあまりに細心なものであるため、戦争の本性とはあまりにも相反するこれらの規則にのっとって作戦が実施されたときには、戦争そのものが如何ほどそこに残り得るものかと、疑いたくなるほどである。事実、軍団の編成や用兵技法の基本となる方針は、かなり驚くべきものであった。奇妙な形式論が、その全体を支配している。「呉子」では軍隊を五種類に分け、義兵、強兵、剛兵、暴兵、逆兵、とした。これらはそれぞれ、異なった状況でその役割を果たすが、前二者が栄光をかち得るものとされている反面、後三者が内乱を惹起するものとされているのは興味深い（第一章）。「孫子」の第一一章によれば、宿営地として九つの種類があるという。第九章においても、南側に宿営することは勝利のしるしとされ、日当たりにより将兵が元気づけられるためだとしている。注釈諸家のいうところによれば、用兵に九つの法があり、勝つに九法、有利な状況をつくりだすに九法、自ら敗北を招くにも九法あるという。しかもそれらが、それぞれ共通しているのである。

演習の際も合戦の際も、旗・銅羅・太鼓が大きな役割を果たしていた。旗は、はではっきりした色のものがよい。旗の面には、よく目だつ形象を描いておく。これらの形象は、その異様さによって敵の度肝を抜くと同時に、味方に対してはそれぞれの部隊がつくべき部署を示す。左に青龍、右に白虎、前には朱雀、後には玄武、そして中央に招揺が位置する。夜には、太鼓を打ち、銅羅を鳴らして命令を伝える。これらの音は、できるだけ激しいほうがよい。旗を振る場合と同様、銅羅・太鼓は二つの役割を果たす。その一つは命令を伝えることであり、いま一つは敵を困惑と恐怖におとしいれることである。〈敵に対して、永遠の恐怖を与えるため〉とされている(『呉子』、第三章。『孫子』、第七章)[4]。

演習としてことに重視されたのは、円陣から方陣に移ることであった。これは、あらゆる場合に応じて陣形を、〈空の丸さ〉に合わせ、〈大地の四隅〉に合わせるため、とされていた。この二つの陣形を組み合わせて用いることが最良とされた。たとえば、四つの角がたがいに重ならぬようにして八角形に重ねられた二つの方陣のなかに、歩兵と騎兵の円陣をいく重かに配置するというのである[5]。兵士は五人をもって一組とした。〈まさに森に出ようとする五匹の虎〉にちなんで、このようにしたわけである[6]。合図があると、彼らは叫び声をあげながら、遮蔽になるよう置かれた楯のかげにかくれる。すると彼らは、〈地にそって咲く五輪の梅の花〉となる[7]。ときにはまた、乾坤と八卦の形に兵士が配置された[8]。乾坤とは天地であり、八卦は伏羲によって創られた占いの記号である。この記号を用いれば、〈この世にあり得るすべてのことを知る〉ことができる。月は山に対して楯をなすと考えられていたので、楯持ちは月の投照の形に従って配置された[9]。さらに複雑な形の騎兵陣には、伏羲の八卦と九天とを組み合わせたものもあった。

このように陣形をいろいろに変える際の兵士の動きは、教練というよりは、むしろバレエにおける踊り手の動きに近い。アミオの書に挿絵として挿入されている色鮮かな手描きの図版をみれば、容易にこのことは首肯される。もしこれらの図版に記号表がついていなかったならば、対象的に描かれたそれらの図表は、難しい踊りの振り付けを図解したものとおもわれても不思議はない。細緻な考慮がこらされたのは、ひとり道徳の面だけではなかった。技術の面、装飾の面においても同様であった。兵車のうえには、さまざまの記章や紋章をあらわした旗がかかげられた。〈弓、えびら、こて、脛当てなどは、鮮かな色に塗られていた。楯も塗り飾られていた。馬の胸がいには、彫りのなされた飾りがさげられた。兵車は、いくつもの手綱をしっかりとまとめ持つ巧みな馭者にあやつられ、おもおもしく進んだ。馭者は四頭の馬を先頭にならべ、その飾り金と鈴とが和音を鳴らすように気を配った〉。[10]「司馬法」の第二章には、つぎのようにこまかな記述がある。〈兵車は随所に配置してはならない。また同じ兵車ばかりであってはならない。用途が異なれば、それに応じて異なった形をもっていなければならない〉。初期の三つの王朝には、鉤のある兵車、虎の頭のついた兵車、先駆の兵車、二つの車をつなぎ合せた兵車、龍の頭のついた兵車が用いられた。さらにこれらの兵車には、それぞれ、王自身により定められた個々に異なる識別の印しがつけられていた。夏の時代には黒い人頭を印した旗、殷代には雲をあらわす白い旗、周代には大地をあらわす黄色の旗が用いられた。暴力を忌む心と儀式的なものを好む心とがあいまって、戦争を人間的なもの、いいかえれば文明的なものとしていた。

もちろん、アミオが司馬、呉子、孫子のものとした戦争論は、理想をあらわしたものといってよいであろう。けれども、この理想自体が重要なものであった。またそれは、一つの文化をになう広範な人びとによって理想とされたものであった。公に認められ、教えられ、また広められたこの理想は、風俗に影響を与えずにはおかなかった。最強の者であることよりも、儀式にのっとっていることの方がよしとされた。孔子以来、〈人それぞれの力量は同じでない〉ということは、知らぬ者とてない事柄だったからである。弓術の競技においても同様であった。競技者の端正な態度の方が、的を射たという事実よりも重要なこととされたのである。

哲人たちの意見もこれと同様であった。孔子によれば、〈真に偉大なる将は戦争を好むものではない。熱にもえ、復讐の念にかられて戦争をするのではない〉。孟子も同じようにいっている、〈私は完璧な仕方で戦闘を行なうことができる、と口にするような人間がもしあるとしたら、これは大罪人である〉。このような賢者は、軍事的勝利の効果について何の幻想も抱いてはいなかった。〈人びとを抑圧し、武力によってこれを従える者も、その心を従えることはできない。それ故力というものは、たとえ如何に大きかろうとも、所詮は不充分なものである〉。別の賢者は、戦いに勝った武将たちを呪ってこういっている、〈勝者には葬礼をこそ捧げるべきである。彼のおかした殺人をおもい、涙と嗚咽をもって彼を迎えよ〉[11]。弓術の競技において、一本の矢で七つの鎧を射通した勝者たちは、讃辞ならぬ叱責の的となった。〈汝らは国に対して大きな不名誉を与えるものだ。将来矢を射ることにより、汝らの技の被害者を死なしめることとなるのだから〉[12]。つまるところ、技も力も、それだけでは長所とされなかったのである。

三　名誉の規則

この理想は、かなりの程度風俗のなかにまで浸透していた。古代の史書を研究する現代の歴史家は、みなそろって、紀元前八世紀から紀元前三世紀におよぶ封建時代の戦争を、中庸の精神と名誉の規律によくのっとったものとして描いている。

H・G・クリール〔六〕はこの時代の戦争を、武士道精神と作法に従った仕来りの体系、と定義している。その目的とするところは、礼儀と寛大さによって相手を恥じいらせることであった。軍団の兵員数は、実際にはさして大きなものではなかった。クリールはこれを、三千から五千のあいだとしている。武将たちは、いろいろな前兆に対しても気を配った。占いの役割は、ことに重要なものであったらしい。戦いは春に始められた。軍団は一糸みだれぬ秩序をもって移動した(13)。部隊合流の時刻を決めるために、伝令が交換された。部隊の長たるものは、神の加護を願う祈りを唱えた。はじめの攻撃は、戦いの前途をトするものとして重視された。とはいえ、このようなきらびやかなヒロイズムの裏では、侵略、速攻、待ち伏せ、夜襲なども行なわれていたのである(14)。

マルセル・グラネ〔七〕は、一九三六年オスロにおいて講演を行なった。その後彼が死んでしまったために、この講演は書物にまとめられずに残されてしまったが、そのあらすじを記したなかで、彼は封建時代の闘争の主要な性格をつぎのように要約している。〈(1)戦闘を一種の武芸試合にしてしまうようないくらかの規則があって、これが軍学の根幹をなしている。(2)戦闘とは、たがいに礼儀を交換し、おのれの勇気を誇示しあうことである。戦を挑むにせよ降伏するにせよそれぞれ儀礼があって、その目的とするところは名誉を得ることであった。(3)威勢を示すこと。戦闘は、身代金、示談、女の交換、和睦のための酒宴等、たがいの贈答や一体化によって終わる。宗主たる王は戦闘を禁じていなかった。彼はただ規則が守られるように努め、勝者の越権をとがめているに過ぎない(15)。

ここで一つ重要なことを指摘しておかなければならない。というのは、ここに挙げたような諸々の特徴は、中国の内部で行なわれた戦闘行為にしかあてはまらない、ということである。中国の法と文明から排除すべしとされた者たちや蛮族に対しては、熾烈な戦争が行なわれた。死ぬか生きるかの執拗な戦いが行なわれ、敗者は苛酷な目にあわされた。この場合には、人本、慈悲、中庸といった諸規則は問題とならなかった。ここで用いられたものは、恐ろしい呪術であり、打ち消し難い呪詛であった。ローマ人が行なった捨身御供と同じように、またそれと同じ理由により、死を決意した兵士たちが敵の眼前に配置された。敵陣からよく見えるところ、なるべく敵に近く接近した彼らは、大声で叫びながら自分の喉を切った。彼らの自害は敵に不吉な運命を与え、敵を完敗に導く、とされていたのである。

このような場合を別にすれば、形式を重んじたがために、戦争が本当の戦闘とはならずに、威信を保つための試合となってしまった例が多い。このような場合、位の高い武士のみが戦った。位のより高い王侯に一礼した後、作法にかなった攻めが行なわれた。その後では、武器、食物、飲料、贈り物等が交換され、これを記念として平和時にもつづく交際が結ばれた。「司馬法」には逃げる者を百歩以上は追わぬという規則があるが、グラネはこれを事実行なわれたこととしている。そのほかにも、中庸の思想にもとづくものとして、彼があげている例がある。運命にすべてをまかせるという点からすれば、貴族にとっては、矢を射るにしても、目を閉じて射ることこそ、ほむべきこととされていたというのである。またこの歴史家は、「礼記」の挿話にもとづいて、由緒正しい家柄の武士はとどめの矢を二矢と射ることを肯じなかった、と推論している。孔子の言葉とされているもののなかに次のようなものがあるが、そこでは右のような控え目な態度から次のような教訓を引き出している。〈人間を殺すような場合においてさえ、守るべき儀礼がある〉(16)。そのかわりといおうか、身を勇敢にさらけ出し、旗の先端が敵の砦に触れるほどに肉迫し、鞭をもって敵の門の板一枚一枚を数えることがよしとされた。敵との対決は、さほどに血なまぐさいものではなかった。むしろそれは、勇気と、挑戦と、敬意と、呪詛と、敵を困らせるような儀礼と、政略的な寛容さとを、たがいにかわし合うことであった。〈それは武力衝突というよりも、むしろ道義的価値を競う試合であった。この対決においては、名誉が競い合われたのである〉、とグラネは結んでいる。その目ざすところは、〈他者をしのいで自らの徳をあらわす〉ことであった。ただ敵をしのぐというだけでなく、味方をしのぐことさえしばしば重要なこととされた、とグラネは記している。各人にとっては、自己の優越をあらわし、その高貴さと度量とをあかしすることが問題であった。王侯にとって戦争というものは、自己の立場を高め、新しい地位を獲得し、それを保持するための機会であった。

これら武士貴族は、たがいに知己であった。平和時においては、しばしば彼らは招待主であり、友であった。戦場であいまみえたとき、彼らはたがいに尊敬の念をあらわすために車を降り、兜をとって三度礼をかわした。「左伝」には、楚の国の一人の射手の話が載っている。敵に追われていたこの射手は、鹿によって車の行くてをはばまれてしまった。矢は一本しか残っていない。彼はこの矢で鹿を射て、それを仕留めた。彼とともにいた槍兵は車を降り、まだ猟の季節でないことを詫びながら、敵である晋の兵士に対してこの鹿を捧げた。そこで晋の兵士は相手の礼儀正しい態度をたたえ、追うことを断念したという。(17)

敵との対決はすべて、相手に対してまず優先的機会を与えるという、決闘の法則に従って行なわれたようである。グラネが「左伝」から引いているいま一つの挿話は、このことをよく表わしている。二台の兵車が遭遇した。しかしそのうちの一台の馭者は、戦いをさけようとした。そこでいま一方の馭者は相手の名を呼んで戦いをいどんだ。呼ばれた方は戦いを受けなければならなくなったので、敵に対して面と向かいあった。その敵は彼に対して矢をはなち、すぐさま二の矢を射ようと身がまえた。しかしこの時、呼ばれた方の兵士がこれを止めてこういった、〈もしあなたが私に対して矢を射返すことを許さないとしたら、それは卑怯というものだ〉。これを教訓とさとった相手は、矢をつがえるのを止め、動きを止めて甘んじて的となったが、相手の矢は彼の命を奪ってしまった。(18)

かつて宋の襄公は楚と戦った時、楚の軍勢が河を渡り終わるまで戦うのをさし控えた。数にすぐれた敵を襲うには、敵が渡河する時を利用せねばならぬ、と人びとは彼に進言した。しかし彼はこれを容れなかった。また、人びとは、敵が陣を展開しないうちにこれを襲うよう強くすすめたが、彼はこれも拒否し、ついに敗れてしまった。〈真の武将は、難にある敵を襲おうとはしない。陣形がととのわぬあいだは、太鼓を打たせないのだ〉、と彼はいった。勝つことこそ大事ではないか、と人びとが答えたのは、当然であった。

皮肉を含んだ寛容さと傲岸なまでの慇懃さは、重要な役を果たしていた。楚との戦いのさなかに、晋の軍の兵車の一台が泥土のなかにはまり込んでしまった。楚の兵士たちはこの時とばかり得意になって、敵に対してためになる忠告を与えた。彼らはまず武器が固定してある横木を取りはずすようすすめ、つぎに旗を取りはずすようすすめた。車はやっと動けるようになった。このさげすむような好意に対してこれまた相応の返礼をしなければならなくなった晋の兵士は、つぎのように答えた、〈あなた方の国とはちがって、われわれは逃げるための訓練を受けてはいない〉(19)。

要は中庸を尊ぶことにあった。晋と秦とが戦いをまじえた時のことである。秦の伝令のその不安な口ぶりから、この国の国民が戦いに勝てると思っていないことがわかった。ところが晋は、この内憂の故に戦うことのできない国を、あえて撃とうとはしなかった。〈死者と傷者を手あつく扱わぬのは、人の道にもとることである。敵が戦いうる時を待たず、また敵を険阻な場所に追いこむのは、卑怯なことである〉、という者があったためである(20)。一般に、必死の戦いとか決定的な勝利をおさめようとする者はなかった。敗者はさげすまれることなく、むしろ逆に激励された。敗者の絶望的な行動は、勝者にとってむしろ脅威であった。前五九三年、楚は宋の国を攻めた。籠城した宋の国民は、子供たちを食べ、死人の骨を焼き、このことを楚の軍に伝えた。このような瀆聖的な行為に恐れをなし、敵をして、これほどまでに恐ろしい賭けをする羽目に追いこんでしまったことに驚いた攻囲軍は、六千メートルも後退し、相手に名誉となるような条件で、いそいで和を結んだのである。

この年代記には、そのほかにもいろいろの出来事が語られているが、それによればこのような態度は、習慣となってはいなかったものの、かくあるべしと期待されていたものではあった。鄭の都が楚の軍勢によって占領された時のことである。破れた王はよく自らの非を悔いて、全き恭順を示した。これに心打たれた楚は、その態度をたたえ、これを許した。ところが逆に前五四七年には、こんどは鄭が陳に対して勝利をおさめた。敗者は勝者に対して、祖先より伝わる什器を捧げ、虜われた敗者の王は髪を喪の髪形に結い、それを取り巻く彼の臣下たちも、みずからの体に縄を打って現われた。これをみた勝軍の武将は、すぐさま、不幸にして破れた相手に対して杯をさし出した。こうすることによってこの武将は、この敗戦はたいした影響を残すものではなく、弓術の試合と宴会を行なってその後はもと通りに仲よくなれるほどのものだ、ということをいいたかったのである。この控え目な態度のために、鄭は相手に復讐の心を捨てさせ、運命を呪う心も捨てさせることができた。この国には、その償いとして永い幸せな時代がくるであろう、とこの年代記は述べている。(21)

四　暴力の萌芽

このような条件においては、現代の歴史家の注釈と古代の論文とは、さして隔たったものともみえない。ある派の哲学者たちの空虚な願いを表わしたに過ぎないような論文が、戦争をする人びとの気質について、とくにそのいくつかの点について、現代の批評よりもずっと現実的な見方をしている。「孫子」

の第一〇章には、武将への忠告として、不吉な前兆があったからとて、異常な出来事が起こると思わせないようにすることをすすめているが、ある注釈家は、これをつぎのように解説している。〈軍隊の占い師や占星術師が吉兆を予言した場合には、そのいうところに従えばよい。もし彼らの言に不明確なところがあったならば、これをよい方に解釈せよ。もし彼らがためらったり、あるいはよくないことを予言したならば、そんなことには耳をかさず、これをだまらせるがよい〉。さらに辛辣な解説では、〈時と場合によっては、占い師や占星術師にたいして、吉兆を予言するよう命ずるがよい〉、といっている。[22]

とくに、孫子と司馬と呉子は、クリールやグラネより以上に、二枚舌、策略、買収、といった、いわば平和的なやり方で敵を降す方法を重視している。そのうちの最も喜ばしいものがアミオ神父をおこらせたことは、すでに見たとおりである。彼らはこれらの方法を数えあげ、分類し、その用法をこまかく規定し、それが首尾よく奏効するのを喜んでいる。ここにはまた、武士道的な対決に重きをおかず、不実と狡知の限りをつくして行なう闘争についても記述されていて、たがいの実勢力がわかっていて、単なる実力だけでは勝負にならぬ時など、これも当然のこととされていた。詐術や裏切りや強欲を利用することを是認していたわけではないが、何ごとにも表があれば裏もあるものとして受けいれられていたのである。いうまでもないことながら、戦争を人間的なものとしてゆくというこの傾向は、美徳と、寛容と、高潔さの方向にばかりうまく運んでゆくとは限っていなかった。けれども、血なまぐさい闘争をこの点にまで引き戻すことができたということは、それだけですでに大変なことといってよい。暴力、憎悪、暴逆等、大量殺戮をひき起こすいろいろな要素の働きを、ここまで抑制することができたのは、大変なことであった。

とはいえ、それまでの血潮の海にかわって、人間尊重の法則が一切を支配するようになったというのも、ありそうにないことである。戦争というものの本性のなかには、明らかにこのような法則とは対立するものが存在していて、古代中国の兵法家の説いたいろいろな策略も、かならずやこれを満足させるものであったに違いない。最も寛容と思われる諸規則にも、この意味での汚点は認められる。高尚な規則も、好んで実用的な配慮とともに説かれていた。高尚さだけでは説得力に欠ける、とでも思ったのであろうか。ある人間にこれらの規則を守るべきことを説く場合にも、これを守る者はこれによって利益を得ることができるのだ、という誘いをつけ加えたのである。いくら大様な攻撃をしたにしても、そこに敵愾心がなかったわけではない。敵を救い、その命を助けてやったとしても、そこには侮蔑がなかったわけではない。それよりも、相手に対して優位に立ち、相手にその弱体を認めさせることが問題であった。戦争はもともと闘争であり、相手を打ち負かそうとする欲望である。右のような事実とても、そのために支払われた代償にすぎない。武勇を政略的に利用するようになれば、武勇をひけらかす風潮がおこるのは当然である。いかに不利であろうとその格言を守って名誉を重んじようとするものが一方にあれば、他方、逆の方からこの風潮を利用し、さらにはそのような仕来りを蔑視する理論をたてる者が現われるのは当然であった。

古代中国は、戦争が完全に制御された時代の一つといってよいであろう。戦争が違った質のものとなり、本来の粗暴なものではなくなって、洗練された対抗行為となってしまっていたのである。次章に示すように、西欧においても、中世からフランス革命までのあいだ、これと同様のことが軍事習慣としてかなりうまく実行されていた。一八世紀には西欧でも、兵員数のあまりに大きい軍団は、かさが大きいばかりで扱いにくいとされていた。実戦は、城塞の攻囲と、死傷の少ない理論的な操兵とから成り立っていた。同様にしてまた、戦闘は不可避なものではないとされ、戦闘を行なわざるを得なくなるのは、えてして指揮官の落度によるものとされていた。戦闘は国境において、つつましやかに、礼儀をもって行なわれ、一旦戦闘行為が終わったときには、あえてこれを続けようとはしなかった。敗走する敵を追撃するものもなかったが、これは節度を守るということと、また脱走兵を出さないようにするという二つの理由によるものであった（モォリス・ド・サクスも孫子も、ひとしくこのことを述べている）。敵対して戦う双方の軍隊のなかには、憎悪も情熱もなかった。王侯の財政により補給を受けていたこれらの軍隊は、住民たちの生活と財産を尊重した。当時兵士になる者は少なく、兵士を養うには多額の金を要し、またそれを教育するには永い月日と難しい技術が必要だったので、王侯たちも兵士たちの命を粗末には扱わなかった。王侯たちが兵士たちにまず求めたことは、分列行進や演習の際に規則正しく動くような、機械人形になることであった。これら分列行進や演習は、その複雑さと美しさにおいて、古代中国の軍隊の陣形変化に劣るものではなかった。要するに、孫子と司馬と呉子とが戦争について指摘したところのことは、ピュイゼギュール、ジョリ・ド・メーズロア、モンテクークーリ（八）、モォリス・ド・サクス等の指摘したことのなかに、ほとんどみな見出されるのである。

これを封建時代の戦争と比較すれば、この比較はさらに意義深いものがある。欧州封建時代の戦争では、騎士たちのあいだでのいろいろな名誉を格づけることが重要な役割を果たしていたが、その一方、歩兵は王侯の従者としてしか扱われていなかった。中国においてもこれと同様であって、歩兵は物の数には入らなかった。彼らはほとんど兵士としては扱われなかったのである。彼らは、従卒あるいは馬丁あるいは土工として、壕を掘ったり、馬や車輛の手入れをするのに使われていた。戦列を組む際には、無益な無駄口をきかせぬようにするために、彼らの口に枚をはませた。ヨーロッパの騎士たちは、戦争において彼らを補助する平民たちに対して、少なからぬ侮蔑の念をいだいていたのである。

＊

さきに私は、アミオ神父の翻訳は一七七二年に出版された、といった。この同じ年に、イポリット・ド・ギベール(九)という軍人が、『一般戦術論』という著作を公にした。当時彼は、これから世に認められ社会的影響力を持とうという、登り坂の時期にあった。この著のなかで彼は当時の戦争の、限定され、仕来りに縛られた、儀式的な点を論断している。戦争が、無関心な新兵たちによって行なわれること、その新兵たちはともすれば軍旗の下から抜け出そうとするような者たちであること、さらにまた国民は物質的にも精神的にもこの戦争と何のかかわりを持っていないこと、これらの事実に対してギベールは我慢がならなかった。彼は人びとが、無益な演習をし、滑稽な戦闘のまねごとをしているのを非難した。要塞の前の広場で、〈国王万歳〉という人文字を書くような演習に対して、彼は大いに怒っていた。人びとが王侯の臣下ではなく市民となったならば、そして市民が兵士となったならば、一切が変わるだろう、と彼は考えたのである。

これより二千年以前に、中国ではすでに一切が変えられていた。この変革のもととなった考え方は、次第に高まりゆく変革への要求にうながされて、西欧啓蒙時代の進歩的階層のあいだに広まっていったところの考え方と、ごく近いものであった。すなわち墨子は、労働と利益と財産の公正なる分配を確立すべきことを説き、すぐれた者が高い職能を与えられるようにしなければならないとした。少し下って法家の説くところでは、特権や例外を認めない平等な法体系がよしとされている。そこでは君主というものは、行政上の位階の最高に位するものとしかされていない。当時封建体制は大きな打撃を受け、外敵の侵入に対して効果的な対抗処置をとらねばならぬ必要もあって、戦争法を改めることが迫られていたのである。法家の理説がよく浸透し、国家という観念が地についてきた国ぐににおいては、民兵組織が創設され、貴族は兵車を降りて、歩兵として軍務を果たすようになった。これと同時に、農民たちは各々の耕す土地の所有者となり、諸都市はその役割を増し、商業は発展した。グラネはつぎのように結論している、〈中国帝国を創立した秦朝の諸王は、種々の改革をまとめて実行し、それによって、新しい軍隊をつくり、農民に土地を与え、王の発布する法のみ合法とする法則を制定し、王すなわち国家が功績に応じて位階として与える貴族身分のほかには貴族というもののないことを定めたのである[23]〉。

封建制度の没落は、貴族的秩序と宮廷的な諸価値の没落をまねいた。ここで戦争はその性質を変えた。それは、仮借なき残酷なものとなった。戦争は、敵を破壊しつくすものとなった。虜をとらえ、それを種に身代金を取り、それによってつぎの戦闘に備える、といったことはなされなくなった。捕えられた者はみな殺された。勝つことがあらゆる闘争の目的となり、勇敢にして公正かつ大様な戦いをして、それによって威光や貴族の身分を得ようとする者はなくなった。戦闘は、領地の併合か大量殺戮をもって終わりとなった。紳士の本分たる名誉と節度を重んずる規則はすたれ、権力の意志と国民的情熱とがこれにとってかわったのである。

かつて、武器をとることを生業とすることは、名誉を得るための試練であった。そしてそれは、名誉と勇気をもって武器を取り扱うことのできる、名誉ある男にのみ許されることであった。重臣たちのみが対決するこのような戦いには、女子供や老人や病人は、はじめから除外されていた。資格のない外国人や平民も、そこから除外されていた。ところがいまや、執拗にして限りを知らぬものとなった戦争は、何びとの命も容赦せぬものとなった。〈力を持ちたくわえているものは、たとえ老人といえどもみな敵である。……まえに与えた傷が死に至らなかったからといって、今度傷つけてはならないという法がどこにあろうか〉(24)。この言葉は、戦争というものが変化したその度合いを、よく表わしているとおもう。

西欧においても一八世紀の末以来、不思議なほどにあい似た変化がおこった。決定的な改革が中国の場合とほぼ同様の仕方で行なわれ、その結果として、封建的特権階級の支配する位階制度はくずれ、そのかわりに、強い規制力をもつ国家が現われ、市民が国民行政に参画するようになった。二千年という時を隔てて、地球の両側において、同種の変革が行なわれたわけである。これら二つの変革は、同じようないくつかの要求に答えて行なわれたものであり、ともに同様の結果をもたらすものであった。両者の場合とも、民衆がいろいろな権利を獲得して平等なものとなったという事実は、戦争の様式をそれまではなかった激しいものにしてゆく、第一段階であったようにみえる。事実、民衆が戦争に参加するようになると、必然的に戦争は遊戯であることを止め、武芸試合であることを止め、分列行進であることを止めねばならなかった。戦争は、真剣なものになっていったのである。

さて次章においては、このような著しい変革がどのようなものであったかを略述し、この変革を不可避なものとした諸要素を解明してみたいとおもう。

第三章　銃砲　歩兵　民主主義

貴族の戦争の基本は、つまるところ剣術である。この種の対決においては、武器は腕の延長であり、武器の殺傷力は戦士の技と気力とに依存している。もちろん、いろいろな武器がつぎつぎに現われて、弦の張力や火薬の爆発といった外的力により、離れたところから人を殺すことが可能になった。しかしこれらの武器は後に不承不承採用されるようにはなるものの、それまでは軽蔑され、あるいは禁止されていた。ともかく、これらは下衆の武器、徒歩で戦うものの武器であった。

刀剣が消え去り、貴族的戦争がなくなってゆく時代の推移は、歩兵の発達の歴史と一致している。

一　槍から火縄銃へ

〈風車が封建社会をつくり、蒸気機関を用いた製粉機が資本主義社会をつくった〉。『共産党宣言』のこの言葉は、おそらく、階級闘争の理論に対する最も危険な、また最も当を得た論議をふくんでいる。この言葉は、工業技術上の発明の結果をもって、社会的諸対立のあいだに働いている歴史の主要動因としようとする。火薬の発明が重要なものであることは、すでに指摘されていた。化学的エネルギーが、はじめて人間の役に立てられたわけである。それまで人間は、自分自身の運動力と動物の運動力しか、用いることができなかった。蒸気機関の発明に先立つこと数世紀、すでに爆発は動力源と考えられていた。いく人もの歴史家が、臼砲なくしては王朝勢力が確立し得たかどうか疑わしい、としている。またフーラー(二)が、民主主義はマスケット銃の使用から生まれた、としたことも知られている。〈マスケット銃が歩兵を生み、歩兵が民主主義者を生んだ〉。

大砲の製造工程は非常に金のかかるものだったので、個人で小さな砲兵隊を所有しようと思っても、ほとんどできることではなかった。このような出費を行なうことができたのは、租税収入によって維持されている、王家の金庫だけであった。一五五〇年、最初の高炉が、フランスに現われた。この世紀の末期には、フランス王国内に一三の溶鉱所が存在した。これらの溶鉱所はみな国家のための生産を行ない、すべて大砲の生産に当てられていた(1)。これらの大砲は、遮敝物のない開けた原野ではたいした用もなさなかった。射撃反覆の速度はおそく、射程も小さく、精度もなかった。しかしながら、城塞を攻めるときには、大きな働きをした。王たちは、封建諸侯の城壁を、おもいのままに打ち破った。ここに、細かいことではあるが意義深い事実がある。すなわち、砲撃を行なう者たちは、兵士ではなく技師とみなされていた、という事実である。歩兵にしてもそうであった。甲冑に身を固めた騎士たちにたいして歩兵を危険なものたらしめるところの飛び道具を、歩兵が用いるようになる以前、彼らは兵士という名に値いする戦闘員とは見なされていなかったのである。彼らは、武器を持った従僕にすぎなかった。歩兵を意味するところの fantassin という言葉は、イタリア語の fante という語から由来しているが、これはまさに、軍役に従う従僕を意味していた。infanterie すなわち歩兵隊という語も、銃砲の勝利が決定的なものとなる時まで、すなわち一六世紀の末までは、この意味では使われていなかった。騎兵隊が戦争の常道とされるのに反して、それは外道を意味していた。部隊の数は、槍の数で数えられた。各隊には、原則として一人の戦闘員しかいなかった。それが、重装備をした騎士である。騎士には、二人の騎乗射手と三人の従者がつくが、この二人の射手も戦闘時には徒歩となる。中世の軍隊は、多数の徒歩従者にかしずかれた騎士たちの集団であった。そして従者たちは、攻撃力がないという理由から、戦士とはみなされなかった。また、人びとは多数の平民を面白半分に虐殺し、彼らを不具にし、彼らがそれぞれの主のために働けないようにした。フロワッサールによれば、ヴァロア王朝のフィリップ六世は臣下の騎士たちに対して、王自身の歩兵隊のまっただなかに通路を開くよう命令して、つぎのようにいったという、〈いますぐこれらの民兵どもを殺してしまえ。彼奴らは理由もなくわれわれの道をふさいでいる〉。

＊

銃砲と歩兵との進歩は、一八世紀の末までたゆみなく続けられた。これはちょうどフランス革命の行なわれた時期である。革命はこの銃砲の進歩と歩兵の進歩の上にたって、大衆動員により歩兵をつくり、普通選挙制によって市民をつくった。すなわち、自由人と何らかの形での自由擁護者とを、つくり出したのである。

その時までは、まったく異なった二つの型の戦争が存在した。この二種類の戦争は重ね合わされたような形で現われることもあるが、その一つは騎馬戦であり、いま一つは歩兵戦である。前者は貴族諸侯の戦争であって、戦闘は稀れにしか行なわれないが、騎上で行なわれ、いみじくも名づけられているように、騎士道的仕来りに従って行なわれた。後者は民衆の戦争であって、それは常に熾烈をきわめ、勝つか死ぬかの戦いであった。後者が前者にとってかわり、歴史のなかから前者を追放するためには、国民構成、政治体制、忠誠と服従の原則、この三つが全的に変わることが必要であった。とはいえこの変化は、徒歩の兵士のもつ殺傷能力のなかに、はじめから萌芽の状態で潜んでいたものである。この殺傷能力はマスケット銃により確証されたが、マスケット銃によって生まれたのではなかった。

一三四六年、クレシー(二)においてフランスの騎士団は、敵の新兵器によって甚大な損害を受けた。その新兵器とはウェールズ人の使っていた高さ二メートルもある弓のことで、その矢は二〇〇メートルの彼方に達し、鎧を貫通することができた。これはもともと百姓の武器であり、法の保護を受けられぬならず者の用いるものだったが、イギリスの貴族たちはすでに百姓一揆において、この弓の威力の恐ろしさを体験していた。クレシーにおいて彼らは、この武器を外敵に対して使用した。フランス貴族たちは、貴族としてのきびしい仕来りに従って行動していただけに、その怒りは大きかった。すなわち、フランス王は、戦場として二つの場所のいずれかを選ぶよう相手に申し入れ、そのため四つの日取りを提案してあったからである。それ故フランス貴族たちは、相手が平民の使う規則違反の武器をもって立ち向かってくるのをみて、驚いた。このような武器を用いれば、槍をひっさげて生真面目に一騎打ちを求める豪傑に対し、物陰にかくれた臆病者が盲滅法に矢を射かけることができる。農奴が領主を殺すことも可能なのだ。やがて弩とマスケット銃の数がふえ、弓より以上の殺傷力をみせるようになった。火縄銃は貫通力が弱かったので、弩の方が永い間より重要視されていた。貴族たちは、これが危険な武器であることを、また不名誉な武器であることを、よく意識していた。それ故彼らは、念のいった仕方で敵の射手たちを不具にした。射手たちは、自分自身の銃の銃口をつきつけられて射殺された。（この新兵器を造る武器職人も、同様の扱いをうけた。）火薬の処方がすでに九世紀から知られていたということは、注目すべき事実である。マルクス・グラエクス(三)の『火の書』のなかに三二番目の処方として見えているのは、硝石と硫黄と木炭とを混ぜたものであった。しかし火薬は、一五世紀になるまでほとんど用いられなかった。火薬の使用がこのようにおくれたことには、意味がある。

一一三九年、ラテラノの公会議は、背信者以外の者に対して弩を用いた者を破門することに決定した。この第二九決議は、〈神のよみせぬ弩をキリスト教徒とカトリック教徒に対して用いることは、そのほか、破門をもって禁じられている〉という形のうえではっきりしたものだった。弩というのは、弩砲を小さくしたもので、少なくとも狩猟用の武器としては、一世紀から知られていた。ウェゲチウス(四)がその著『兵法論』（第八章、九）に記しているところによれば、ウァレンティウス二世の治下（三七五―三九二）においてローマ軍が、これを改造して実戦兵器に用いていたという。しかしながら、騎士道では名誉が重んぜられたので、あえてこれを用いようとする貴族はなかった。これは、〈兵士というよりはむしろ山賊に近い、野武士の部隊〉のもっぱら用いるところとなったが、彼らは平和になると都市住民を脅かすためにこれを用いた。このような状態だったので、ローマには訴えが殺到し、公会議が開かれたのである。これより数年まえ、フランスのルイ六世はモーリアックのドロゴンに対してこの新兵器を用い、アンリ・ド・ピュイゼ(五)はルイ六世に対してこの同じ兵器を用いた。教会の介入の効果があったのは、ほんのわずかの間のことだった。リチャード獅子心王とフィリップ・オーギュスト(六)は、自軍の弩射手を賞讃し、聖王ルイもまた彼らに、法的身分と特別な俸給を与えた。

そのころ、同じような要求に答えるため、インノケンチウス三世(一一九八―一二一六)は火縄銃の使用を禁止した。アリオスト(七)、ミルトン、シェークスピア等も、火縄銃を不名誉な、犯罪的なものと考えた。セルバンテスはドン・キホーテをして、この兵器に対する非難の言葉を述べさせている(第一章および第三八章)。名もない臆病者でも、この武器を用いることにより、最も勇敢な貴族を倒すことができる、というのである。〈鉄砲という悪魔の兵器が、大変な騒ぎをまき起しているが、こういうものを知らぬ時代は幸せな時代だった。このようなものを発明した者に対しては、地獄がその悪魔的行為に対する報いを与えてしかるべきだ。どうするものかはわからぬが、逃げ腰になった臆病者が、焔と爆発力を用いてこの武器から放つ、どこからとも知れぬでたらめな弾丸が、何世紀間も生き続けてよいような高貴な人の命と思想とを、一瞬のうちに断ち切ってしまうのだから〉。

一四九九年に死んだ傭兵隊長ジャン・パオロ・ヴィッテルリ(八)と、一五二四年火縄銃そのもので殺されたバヤール(九)は、これらの禁じられた武器を使用する敵に対して、情け容赦をしなかった。すなわち彼らは、これらの射手をその場で殺すか、あるいはその眼をえぐり、手を切り落としたのである。フランス貴族は、ウェールズ人の持つ大弓を従者たちに持たせることを、永いあいだ嫌がった。ポアティエやアザンクールその他で惨敗を喫したのは、そのためである。後に彼らは、銃砲を採用するにあたっても、これと同様の反抗を示した。彼らがついにあきらめてこれを用いるようになったのは、一六世紀の中葉であった。この時彼らは、ドイツ騎兵により甚大な損害を蒙った。このドイツ騎兵は数梃のピストルで武装しており、肉迫して手綱を返す直前にこれを発射し、反転して後にさがり、これにつづく者がまた同じことを行なったといわれる。

このように銃砲というものはその発生において、下衆の武器、歩兵の武器とされていた。それまで戦争で重んぜられていたのは、騎馬試合の規則であり、闘士はそこで、力、技、勇気といったまったく個人的な資質を比べ合ったのであるが、銃砲はこれらの規則を破り捨ててしまった。これとは逆に、市民のあいだでは、普通の武器とならんで、本能的、必然的に銃砲が採用された。また王家は、騒乱を好み、気まぐれで、独立心の強い貴族よりも、王家に属し、金で雇える兵士を徴募する方を好んだので、この種の兵士の数がふえるにつれて、銃砲の数もふえていった。

二　歩兵と民主主義

歩兵の発達は、ヨーロッパではじめて民主主義原理を実行したところの政治体制が採用した軍事制度と、不思議なほどに一致している。馬に乗らぬ人間、平等の精神、加うるに、厳正な軍規と熱烈な宗教心と民族愛。これらをかほど重要視した例は、ほかに見られない。この見地からすれば、フス派の行なった戦争は注目すべき一つの先駆であった。もちろん彼らの戦争は、社会のなかに根をおろすことができず、新しい戦術も持続的な変革も生まなかった。しかし、一種の徴兵制により集められ、自分たちの信念を守ろうとしたこれらの都市住民と農民は、鎧を着た騎士たちの攻撃に効果的に抵抗する方法を見出した。彼らは馬車やその他の車輛を積み上げて一種の堡塁をつくり、そのまわりに堀と土塁を設けた。このような戦い方は、その後用いられたことはなかった。またフス派は、国家をつくるまでには至らなかった。彼らの用いた戦略は、軍事史のなかの一挿話にすぎない。しかしながら、彼らを盛りたてていた精神は、偶然のものではまったくなかったように思われる。後のスイス連邦のなかに、またユトレヒト同盟七州のなかに見出されるのは、まさにこの精神である。この二つのプロテスタントの国は、そのなかで市民的政治体制が繁栄した、ただ二つの国である。この二つの国は、そのなかで歩兵が勝敗を決める鍵となり、戦争というものの面目を一新し、武器を持った民衆が勝利を獲得したところの、ただ二つの国であった。このような一致は、偶然のものではありえない。同じくプロテスタントであり、熱烈な宗教心を持ち、訓練を積み、民主主義的であったところの、クロムウェルとスウェーデンをここに加えれば、事はおのずから明らかである。

スイスでは、男はみな生まれて一六年目の年から徴兵された。各州はその旗の下に、自州の農民兵士を集める。軍団は、騎兵と戦うための歩兵の方陣によって構成されていた。歩兵たちは、戟と槍を組み合わせたような、アルバルドと呼ばれる武器で武装していた。遠心力をつけてこの武器を振れば、その戟の刃先は鎧を貫徹することができた。同様に、弦を引くための小車を弩につけることにより、弦の張力を著しく増すことができたので、弩の矢も恐るべき貫通力を持つようになった。これらの民兵のあいだでは、民主主義精神が旺盛であり、〈領主〉から勝ちとった勝利は盛大に祝われた。武器を携行することは、選挙権と表裏一体をなしていた。現在でも、直接民主主義の行なわれている州においては、投票に参加するためには、投票所へ武器を携帯して行くことが法律によって要求されている。

このようなきびしい組織は、その一方において、極度にきびしい軍律をふくんでいた。すなわち、隣りの兵士が逃亡しようと語りかけるときは、これを撃ち殺してよいという権利を、すべての兵士が持っていた。このようなきびしさは、騎士たちの無秩序な武勇とは対照的である。そのうえ、スイス人たちは数においてまさり、自分たちの生存の賭けられた場所で戦ったのである。また彼らは、司令部というものを持たなかった。彼らは、命乞いをする者をも殺戮した。戦争は、彼らをもって遊戯たることを止める。それはもはや、虜をつくって身代金を得るための、人取り遊びではなくなったのである。それは土地のため、生きるため、信仰のための、戦いであった。負傷者は殺され、戦いの仕来りなどはなくなってしまった。

スイス人たちは、一四七六年六月二二日、モラ(一〇)の戦いに勝利を得た。この戦いは、規則的に動員され、組織され、訓練された、国民的な戦術歩兵集団の勝利であった。この戦いは、中世的軍隊の終熄を、すなわち封建貴族の軍事的優位の終焉を告げたものであるとされている。

それから一世紀後、市民国家であるユトレヒト同盟七州において、オランイェ公マウリッツ(一一)は、スペインに対抗するためのオランダ人歩兵隊を創設した。その時彼がモデルとしたのはローマの軍団であって、この軍国の構成は、都市の市民構成をそっくり取りいれたものだった。こうして彼は、マキャヴェリがフィレンツェの貴族社会に説き勧めて用いられなかったことを、実現したわけである。この例はやがて、ドイツに、スペインに、そしてフランスに取りいれられた。マクシミリアンの傭兵隊（二二）、ルイ一一世が組織したフランス最初の正規歩兵隊、ゴンサロ（二三）がつくりカルル五世が用いた歩兵隊、これらはスイスの例を、かなり忠実に再現したものであった。しかしながら、装備を取りいれ、戦術を模倣はしたものの、スイス軍隊がその存立の原理としたもの、すなわち徴兵制、軍務における責務と名誉の平等、民主的国民的な熱意等は、取りいれぬように留意がなされた。

　これらの軍隊は、歩兵隊を使わざるを得ないという必要性に、ただ答えただけのものであった。騎士軍の敗北が、このさし迫った必要性を、はっきりと示していた。すべての王家が、自己の軍隊の質について、教練について、団結について、また軍規について、注意を払った。しかし、スイス民兵と類似していたのは、ここまでである。王家の歩兵は、所詮王侯につかえる傭兵であり、王侯はこれを雇い、賃金を支払い、しかもこれを軽蔑し、これを領主の指揮下においた。フランソワ一世は、免税を約束して、その歩兵部隊への加入を奨励したが、その効果はなく、この部隊の戦力は最低であった。ながいあいだ、騎兵が軍団の根幹をなしていた。フランス革命が始まるまで、フランスには、国民的規模の徴兵によってつくられた歩兵隊というものが存在しなかった。

三　貴族歩兵創設の試み

とくに興味深いのは、マクシミリアンの行なった試みである。この試みがかえって逆に、歩兵と民主主義とのあいだの関係を確証する証拠となっているのは、歴史の奇しき巡り合わせであろう。貴族は平民に対して徒歩で戦うことに反対するが、この反対を克服することが問題であると、このハプスブルク皇帝は認識していた。そこで彼は、貴族が誇りを持って勤務したくなるような、栄光ある精鋭部隊に、この傭兵たちを仕立て直そうと考えた。このドイツ人傭兵たちは、当時の古参兵がみなそうであったように、袋に入れて川に沈め、縄をもって木に吊るした方がよいような輩であって、掠奪、放火、乱暴を事としていた。マクシミリアンは、まずその構成を変えようと考えた。そして彼は、農奴と前科者と貧乏人とをそこから除いた。武器その他の装備は、各自自己負担となっていたからである。皇帝はみずから範をたれ、貴族・領主の先に立ち、傭兵の制服を着け、手には槍を持ち、徒歩でおごそかにケルンに入城した。こうして彼は、この新しい軍隊に入ることによって、何人も名誉を損われることはなく、皇帝の名誉さえも保たれる、ということを身をもって示した。

このような手段と示威行為は、はじめは望みどおりの結果をもたらした。貴族は農民にかわって、連隊のなかで多数をしめるようになった。農民は、下級兵士としてそこにとどまった。皇帝は連隊を一種の共同体にしようと心掛け、騎士道の規則と同じような規則を行なわせるようにした。新隊員入隊の際には、壮大な式典を行なった。新隊員は一人びとり、交叉された三本のアルバルドの下をくぐり、隊長の前にゆき挨拶する。彼らが受けとる給金は、彼らの態度服装に応じて決められる。それから従軍司祭が宣誓をさせ、記章を受けとる。連隊長は通常大きな戦功のあった貴族であって、麾下の部隊に対して無制限な権力をもっていた。彼はこの権力を、部下の将校を通じてだけではなく、軍事警察を通じても行使した。この警察のうちには、憲兵司令、徒刑囚監視人、それに〈自由の人〉と呼ばれる死刑執行人も含まれていた。

連隊は一七旗隊ないし一八旗隊より成り、一旗隊は四〇〇人の傭兵からなっていた。これら兵士のうち約一〇〇人は、より高額な俸給を受けていたが、それは貴族あるいは古い家柄の市民であった。彼らは槍のかわりに、両手で持つ大きな両刃の剣、あるいはアルバルドを携行した。さらに彼らは、兜をかぶり、鎧も着けていた。部隊の構成は、細心入念なものだった。各連隊には、管理部、隊付司祭、会計係、外科医、楽士、等が付属していた。隊に同行したり兵営内で生活したりする妻女子弟たちの問題を担当するところの軍曹もいた。

司法組織は非常に正確で、とくによく発達し複雑だった。その機能は、この皇帝の傭兵隊のもつ根強い両義的性格を、よく示している。平等の制度と騎士道的仕来りとの混淆が最もよくあらわれているのは、恐らくこの点であろう。刑の宣告は、軍事裁判官により行なわれる。この裁判官は、各旗隊から一名の割りで選ばれた、倍額所得兵一二人よりなる審査委員会により、補佐されている。罪人は、破廉恥罪でない場合は、剣による斬首刑、破廉恥罪の場合には、絞首刑に処せられた。反逆罪は、車責めの刑あるいは四つ裂きの刑に処せられた。ある種の罪に対しては、〈長槍の法〉と呼ばれるものが、適用された。この場合には、一つの旗隊全体が裁判官となった。四〇人の兵が三回にわたって熟慮を重ねる。

そして死刑が決定した場合には、壮大な儀式により、刑が執行される。ウルリッヒは、これをつぎのように記述している。

そこで兵士たちは二列に整列し、列の先端には旗手が位置する。憲兵司令官は、懺悔を終えた罪人をここに導き、この列のあいだを三回通過させる。この間に罪人は、居並ぶ兵たちに許しを請い、別れを告げる。ついで兵たちは槍の穂先を下げ、旗手は旗竿の先を列の方に向ける。司令官は罪人を列のいま一方の端に立たせ、その右肩を三度叩き、列の間を走るよう命じる。罪人は多くの傷を受けて血を流しつつ、ついに地上に倒れる。兵士たちはみな跪いて哀れな罪人のために祈り、順に三回ずつ死者のまわりを回る。この間に、射手は三位一体の名において、屍の上に火縄銃を三発発射する（『各時代の戦争』、一一一―一一二頁）。

マクシミリアンの企ては、その目ざすところを達成することができなかった。所詮彼らは傭兵であった。訓練された戦力のある歩兵隊をつくろうとする意図のもとに、領主の下に集められたところの、資産のない貴族、職人、冒険好き、等の集まりに過ぎなかった。規則のきびしさに、訓練のつらさに、貴族と平民との雑居に、いや気がさした貴族たちは、すこしずつ隊を離れていった。ついにはこの傭兵隊のなかに、騎士はほとんどいなくなってしまった。市民精神は、歩兵の存立の条件そのもののように思われる。この精神が欠けているとき、それは野蛮な状態に逆もどりし、統制のない掠奪者の集団となり、その一方において戦闘力をほとんど失ってしまう。

スイスの例が模倣され、マクシミリアンの影響が強かった初期のころには、このドイツ人傭兵たちも、戦闘を始めるまえに跪き、讃美歌をうたい、祈りをとなえた。それから彼らは、みずからの退路を断ったことを示すように、自分たちのうしろに砂をまいた。これはちょうど宗教改革のただなかのことで、国家への忠誠心よりも熱烈な宗教心のほうが勝っていた時代である。しかしこのような宗教心も、ほどなく貴族気質と傭兵気質によって圧倒されてしまった。これら二つをどう合わせてみたところで、愛国心のある民兵隊をつくれるものではない。一般に、このドイツ人傭兵隊が、〈悪しき戦争〉、すなわち殺し合いをする戦争を行なったのは、スイスに対してだけであった。しかもそれは、相手の断固たる闘い方に対して、致し方なくしたことである。その他の場合には、他の軍隊、他の傭兵隊の場合と同様、〈良き戦い〉を行ない、騎士道的仕来りにのっとり、殺すことはせず、敵を虜にし、習慣に従ってこれを買い戻させて多額の利を得る、というほうを彼らは選んだ。この世紀も末期になると、このような傾向は著しいものとなる。はじめの形ばかりの手合わせが終わると、両軍はそれぞれ兵員の数を数えにかかる。そこで数の少ないほうが多いほうの軍門に降るのであるが、両軍のあいだのもっと大事な問題は、市民をおどして実質的な貢物を奪い取るために、たがいに折り合いをつけることであった。

貴族の歩兵隊を設立しようとした最も注目すべき、そして実のところ唯一の試みは、以上のようなものであった。これが成立しなかったことには、大きな意味がある。オランイェ公マウリッツやルイス・ウィレムの行なった試みは、これとは逆に、大いに成功しているのである。ユトレヒト同盟七州において、彼らは、異質分子を含まぬ同質の構成員よりなる歩兵隊を、苦もなくつくることができたし、また、マスケット銃士と火縄銃士の割合も、二倍にふやすことができた。同時に彼らは、まったく新しい複雑な戦術を採用した。しかもこの新戦術は、抜群の指揮能力を前提とし、兵士の行動を機械的な反応動作に変えてしまうような、きびしい機械的、連続的な訓練を必要とした。下部の隊組織は強化された。俸給は規則的に支払われた。都市はこの軍隊に対して恐れを抱くどころか、先を争って、この軍隊を駐屯させる特権を得ようとした。軍隊は都市にとって依然として外部的要素の強いものであったにもかかわらず、このようにして軍隊と民衆とのあいだに、一種の有機的連帯性が生まれていたのである。プロテスタンティスムと民主主義と歩兵とが、渾然一体となっていたことは、確たる事実であった。

グスタフ・アドルフが行なったことは、その外見とは逆に、右の事実に一つの新しい証拠を与えるものだった。王朝と貴族と民衆とのあいだに、割れ目のない団結が実現したのは、スウェーデンにおいてのことである。この土地において封建制がきびしいものでなかったのは、生活上の諸々の条件の故であった。独立のためにデンマークに対して行なった共同の闘争は、人びとに対し、未熟ながらも一つの愛国心をうえつけた。それ故、徴兵制を行なうにあたっても、何の危険もなかった。グスタフ・アドルフは、この徴兵制により、最初の近代的軍隊をつくった。この軍隊は本質的に国民的軍隊であり、歩兵を主としたものであった。ルーテル派の信仰が、市民精神をさらに強固なものとしていた。雇い入れる傭兵たちの信仰について神経質な態度をとったのは、ひとりスウェーデンだけであった。彼らの場合、信仰は団結を強め、祭礼を行なうことが軍律を保つのに役立ったのである。ちょうどそのころ、やはりプロテスタントであり、民主主義者であり、軍人であったクロムウェルは、〈信仰の真実と熱意〉をもとにして軍律を定めた。彼が指揮していたのは、貴族と戦うための、市民義勇軍であった。戦争によく通じていたグスタフ・アドルフは、当時用いられていた戦法を捨ててしまう。彼は部隊の火力を強化し、マスケット銃士のみからなる連隊を編成し、連続射撃の技法を進歩させ、砲兵隊をより重要なまた機動力のあるものにした。彼は攻城戦を行なうに当たって迅速であったが、その一方、これが成功しないと見た時には、すぐさまそれを打ち切った。彼は、遮蔽物のない地帯で攻勢に出て、相手に戦いをいどんで勝敗を決することをもとめた。この戦法は、戦わずして勝つことこそ隊長の才能であるとした当時の戦法論とは、まったく逆のものであった。

四　上流社会の戦争

グスタフ・アドルフは、七ヵ月のあいだに三回の戦闘を行なった。一つの戦役で二回以上の戦闘を行なうことが稀れにしかなかった時代において、これは異常なことであった。戦闘をまったく行なわないことさえ、しばしばあった時代である。事実、ユトレヒト同盟七州とスペインとは、約六〇年間にわたって戦争を行なったが、この戦争において大規模な衝突があったのは、わずかに一回である。戦争はなるべく小さな出費で行ない、血を流すような戦闘は避けるというのが、当時の戦争技法となってしまっていたからである。まず弓矢が、それにつづいて銃砲が採用され、歩兵すなわち平民の殺傷力がだんだんに強大なものとなってくると、貴族は自己保存本能によって、死と暴力とを避けながら軍事行動を行なうようになったといってよいだろう。戦略理論家たちは、稀れにしか戦わぬことをよしとし、戦役が終わろうとする時、すべての状勢を味方に有利なものとすることができる時にのみ戦え、とすすめていた。戦争を担当する大臣も、将軍たちにたいしてこれと同様の指示を与えた。戦闘はやむを得ざる最後の時にのみ行ない、王の軍隊を軽がるしく危険にさらしてはならぬ、というのである。その目的をするところは、衝撃力をなるべく永く温存することであった。それ故知恵ある将軍は、敵を包囲しその退路を断つための行動を、またそのように見える陽動作戦を工夫した。とくに、要衝の地を攻囲することが行なわれた。敵の拠点をうばい、一つの地方を制圧するとみられるかなめの地点をうばうよう努力した。このようにして、敵に負けたと思わせるよう、事をはかったのである。

一方、補給の方法として、糧食を日分けにして貯蔵する方法がとられたため、行動の範囲と迅速さはかなり減殺された。そのかわり、農家を荒らし、収穫をうばうようなことはなくなった。兵士は各自三日分の糧食を携行した。食糧運搬車には、六日分の食糧がのせられていた。したがってこのような場合の戦略とは、敵の補給線を攪乱することであった。基地からあまり遠ざかってしまうことは、勇気あることではあるが、やむをえざる場合にしか認められなかった。全力を賭して闘うことも、慎重な者のすることではなかった。決戦の時に望みながら、わざと一個軍団あるいは二個軍団を予備軍にまわし、そのためにいくつかの戦闘に敗れたある将軍の例をクラウゼヴィッツは引用し、その愚かさに驚いている。軍事行動は、冬のあいだは中断された。天候の悪いこの季節は、新兵の訓練にあてられていた。六月になって軍馬を養うためのまぐさが得られるようになったところで、戦役は再開された。この戦闘期間そのものも、しばしば短期間の休戦によって中断された。戦役が終わりに近づいたと見えるころ、はじめて戦闘をしようという動きが現われてくる。一方が戦いを仕掛けても、相手はこれを受けるときもあり、受けないときもあった。またこの戦いの準備そのものが、分列行進を準備するようなものであった。戦闘そのものが、開けた歩きやすい場所で行なわれるところの、一種の分列行進であった。分列行進を行なうために、壕で囲まれた陣地を出たのである。敵に戦闘を強いるのは、良くないこととされていた。戦闘の期日としては、主君にとって重要な日、すなわちその誕生日や結婚記念日が好んで選ばれた。部隊長は、その日主君に戦勝を捧げることにより、奉祝の意をより一層明らかにあらわそうとしたのである。その日部隊長は麾下の部隊を、非の打ちどころない幾何学的な隊形をつくるよう、きびしく直線的に配列する。この陣列は、いかなる理由があろうとくずしてはならない。当時のある人はこの陣列を、暖炉飾りの陶製タイルのようだといった。[2] ともかくこのようにして、この戦闘において地の利を与えるとみられる高所に陣を取る。こうなった場合、その相手は、このような不平等な条件では戦えないとして、これを断わることができた。アインベック[一四]においてブロイ[一五]は、切り立った丘の上にその部隊を配置した。〈眼前のいとも恰好な場所に、悠揚として布陣した一軍を見て〉ブラウンシュヴァイクは動揺し、退却したのだが、ギベールはこれを当然のこととしている。

また、兵士を遮蔽物のかげにかくしたり、地上に伏せさせたり、森や溝や壕のなかにかくしたりしようと考えた者はなかった。それとは逆に、整然とした戦列を乱さぬようにするため、平らで裸の、障害物や凹凸のない土地が求められた。兵士たちは、胸をはり、肩を並べて並ばされた。もっとも、銃弾の被害を少なくするために、一人ひとりの兵士のあいだには、かなりの間隔がおかれた。兵士たちは、立ったまま戦った。立った姿勢においてさえ装塡に時間と手間のかかる先ごめ銃のことであるから、他にしようもなかったことは否めない。戦闘そのものは、まったく積極性のないものであった。二つの戦列は、決められたとおりの手順に従って、平行して相対峙する。この手順を変更することなど、誰も考えたことがなかった。兵士たちは命ぜられるままに、いつも同じ機械的動作を行なうに過ぎない。というのも、彼らは頼りにならなかったからである。それ故兵士たちは、肱が触れるほど間をつめて並ばされ、その動作も細かいところまで、まえもって決められていた。

これと同じ理由により、追い討ちをすることは禁じられていた。それはまた、当時の人の敏感な気質にはそぐわぬものであった。その土地で夜を明かしたものを勝者とする、ということも認められていた。モォリス・ド・サクスは、ロクー(一六)とラーフェルト(一七)を越えてまで、連合軍を追うことはしなかった。一七五七年六月一八日、ダウン(一八)はコリン(一九)においてフリードリッヒを打ち破ったが、すぐ陣地に引き返して、そこでテ・デウムを歌わせた。また追撃するということは、追撃するものの破局を生みかねぬものだった。というのも、兵士たちは逃亡することしか考えていなかったからである。逃亡ということは、指揮官にとって、いつも気がかりなことであった。戦場においてさえ、その心配はつきまとっていた。散兵戦・遊撃隊・狙撃兵を用いることができなかったのは、この心配のなせるわざであった。将校の目のとどかぬ所にいってしまった兵士は、もういなくなってしまったも同様であった。新兵の徴募は困難であったから、戦役の最中に、いなくなってしまった兵を補充することは不可能であった。フリードリッヒがその著『戦争の一般原理』(一七四八)のなかで、兵士の逃亡を防ぐ手段について力説しているのも、このような事情があったためである。また、一軍団の兵員数をあまり大きくすることは好まれなかった。限界兵員数といったものが決められ、それを越すと、多数の有利よりもいろいろと不便のみ多くなる、と考えられた。その兵員数は小さなもので、モンテクックーリは三万、モォリス・ド・サクスは四万、テュレンヌは五万、ピュイゼギュールは八万を、それぞれ最適としていた。

　このように、実戦に動員された兵力は、たいしたものではなかった。これらの兵力は、国民の所有する人的・物的資源の、大きな部分でなかったというだけではない。これらの兵力は、国民の資源から切り分けられたものではない、とさえいえるのである。というのも、これらの兵力は、もともと社会とは異質の、一種の付属集団からなっていたのである。君主が高い金を払い、苦労してこれを集め、自分の政治を支える道具にこれを使ったというのが実情であった。当然のことながら、君主はこれをなるべく大事に使用し、損なうことなく温存するよう努力した。戦争は、熱意の欠けた将棋のようなものだった。駒をたくさん失わずに目的を達することができれば、それがよいのであり、また利益になるのであった。それであるから、そこに動員される手段とても、争いの対象の大きさに見合う程度のものでしかなかった。争いの対象となるものも、いくつかの城塞を取りこわすとか、領地の一部を割譲するとか、最悪の場合でも一つの州を失う、とかいった程度であった。そして、こうして失われた一州も、つぎの世代に行なわれたためでたい結婚により、見事回復されてしまうのである。こうなってくると、問題となるのは勝負の結果ではなく、勝負をするものの巧みさである。シュヴァリエ・ド・パマは、一七八五年三月八日海軍大臣に送った回想記のなかで、このことを素直に告白し、ギッシャン（二〇）の用兵法を賞讃している。

知略を尽くしたこの戦役の最後を飾るものが、この壮挙であった。この戦役はさほど賞讃されてはいないが、それは決定的な戦果がなかったためであろう。また、多くの人びとがよく目に立つことにしか価値を与えぬためであろう。一つの戦いの価値を判断するに当たり、多くの人びとは、そこに流された血をもってしか判断しない。彼らには大局的判断ができないのだ。(3)

ここで述べられているのは海戦である。とはいえ二〇世紀中ごろに至るまで、陸上戦略の諸条件・諸規則は、海上戦略の諸条件・諸規則とまったく同じであった。これより数年まえ一人のドイツ人将校が、〈戦術が進歩し、将校たちの洞察力と技術がすぐれたものになるに従って、戦争が行なわれることは稀れになる〉、といっている。(4) 軍学の権威として知られているモォリス・ド・サクスも、つぎのように記している。〈私は、戦闘を行なうことに賛成できない。とくに、戦争の当初に行なわれる戦闘は意味がない。数ある名将のなかには、生涯戦争を行ないながら戦闘を行なったことがないというような将もあってよい、とさえ信じている〉。

ジョリ・ド・メーズロワも、つぎのようにいっている、〈兵学とは、闘う法を習うだけではない。いやむしろ、戦闘を避けるすべを知り、おのれの部署を選ぶすべを知り、身を危うくすることなく目的を達しうるよう事を運ぶすべを知ることこそが、兵学である。……戦闘は、必要欠くべからずとみられる時にのみ、行なうようにする〉。またマッセンバッハ(二一)は、プロイセンのハインリッヒ(二二)を賞讃してこういっている、〈彼は、果敢な行動により、幸運を自分の方に引きつけるすべを心得ていた。ディラキウム(二三)

におけるカエサルよりも幸運にめぐまれ、ロクロア(二四)におけるコンデよりも偉大であった彼は、不死なるベルウィック(二五)と同じように、戦わずして勝利をもたらしたのである〉。一七九九年、革命戦争の後にハインリッヒ・フォン・ビューロウ(二六)は、その著『新軍事組織の精神』のなかで、〈戦闘をせねばならぬ状態にあるということは、何か誤りがおかされたということだ〉、としている。一般的にいって、戦闘の結末とは所詮不確かなものでしかない。戦闘をつねに数学的正確さをもって方向づけてゆくことが可能であり、敵にあえて打撃を加える必要もないような場合、この不確かな戦闘に一切を賭けることは、粗暴、向こうみず、あるいは愚かしいこと、というほかはない。

デルブリュック(二七)は戦争について大部の歴史を書きのこしているが、彼はそのなかで、将たるものは一つの目的を達成するにあたって、原則的にはいつも二つの場合を想定するのであり、また想定せねばならぬ、としている。その二つの場合のうちの一つは戦闘であり、いま一つはそれに匹敵する規模の演習である。彼が二極戦略と呼んでいるのが、これである。彼はこの戦略から、戦闘なき戦争というものがあり得ることを推論した。すなわち、相手を抹殺しようとつとめるのではなく、相手に自分の弱さを率直に認めさせるような戦争が可能である、というのである。貴族の戦争において、たくみにこの第二の方法がとられていたことは、いうまでもない。いやむしろ、この方法を逆説的なところまで押し進めた、とさえいえよう。銃砲と歩兵を嫌悪した貴族階級は、本気の戦争は民主主義社会で行なわれるのだということを、予感していたようにおもわれる。考えてみれば、貴族階級のおかれた立場は、奇妙なものであった。典型的な戦士階級であったところの貴族階級は、戦いを自己の天職とすることによって、その誇りと特権とを正当化した。ところが、人を殺してしまうような強力な武器は彼らの価値体系に合わぬものであったので、彼らはこれを下衆に与えてしまった。貴族たちは、みずからを生来のエリートと考えていたので、武力闘争の際にも、数を頼み衆を頼んで戦うことをしなかった。そして巧妙さと繊細さを栄光とした彼らは、戦争のなかにひそむ粗暴さと執拗さとを除こうと努めたのである、彼らは戦争を、形式だけのもの、仕来りだけのものにしてしまった。たくさんの成文法・不文律で縛られた、手のこんだ演習の組み合わせにすぎないものにしてしまった。ときどきには衝突もあったが、それとてごく稀れな、儀式ばった計算ずくのもので、勇者がその武勇を用いて家名を高め、自らの徳を人に知らしめる機会であった。戦争がだんだんと進歩し、本物の、熱意のこもった、仮借なき血なまぐさいものとなってゆく過程は、それ故、民主主義の発達と一致しているのである。また、歩兵が重要なものとなり、銃砲の殺傷力が増大してゆく過程と一致しているのである。

五　変革の徴候

軍隊は、それ自身民主的なものではなかった。しかしそれは、ある間接的な仕方で、平等性をもったものであった。軍隊の内部における権威は、他の集団のなかの権威よりも、より明確なより揺るぎなきものでなければならないし、またより排他的な形をとる。軍隊内部の階級制は、これと抵触したりこれを制限するような他の価値尺度を、受け入れるものではない。階級のみが問題なのであって、他の自然的あるいは社会的特権はかえりみられない。自分の方が上官より豊かであり生まれがよいという理由により、上官の命に服従しないような兵士は、あり得るものではない。この意味からすれば軍隊は、服従と平等性とが組み合わされた最初の社会組織といえるだろう。軍律をきびしくすることにより、軍隊の成立と発展に関係のない一切の区別を滅却してしまったところの、最初の社会組織といえるだろう。それなればこそ、アンシャン・レジームの軍隊においては、何とかして指揮権を貴族の手のうちにとどめておこうとしたのである。すなわち、将校はみな貴族でなければならず、貴族はみな将校でなければならなかった。こうすることが、貴族という優位と軍隊内部での優位とを併せ持つことを可能にする唯一の方法であった。

シュワズゥル(二八)が、経済的見地から中隊の数を減らそうとした時、ブロイはこれに反対した。つまり、貴族を下の階級に下げることはできないというのである。〈連隊の数をもっとふやし、法令に定められた年齢以上の貴族がそこに居られるようにしなければならない。連隊に勤務することを希望する人間の数に見合った数の連隊がなければならない。……これは国家の構成に関る問題である〉、と彼はいった。この最後の言葉は、深い意味をもっている。シュワズゥルは失脚し、一七七二年四月一七日の法令が公布された。この法令により、それ以降将校と兵士との割合は、将校一人に兵八人ないし九人、となってしまった。ほどなく、軍事大臣の反対にもかかわらず、一七八一年五月二二日の法令が公布された。この法令は、将校となるためには、貴族として四世代を経過したものでなければならぬ、と定めていた。

ここで見誤ってはならない。軍隊内部におけるこれに対する貴族側の反対は、革命の直前にもっとも激しかった。それというのも、社会的構造が大きな危機にみまわれるのはまず軍隊の内部からであるということが、軍隊内部において、明らかに感じられていたからである。実践の上での諸要求と伝統を守ろうとする立場との対立が、軍隊内部でまず最も大きく現われるということが、よくわかっていたからである。ここ軍隊においては、〈一切に価いするものが何物も得ず、何物にも価いせぬものが一切を得る〉という傾向が、よそにも増して著しかったのである。階級間の対立は激しかった。将校は兵士を平手で打ち、棒で叩いた。プロイセンにおいてこのようなことを行なった将校は、兵士からの訴えにより免職させられた、とモォリス・ド・サクスは述べている。ところがフランスにおいては、兵士は最も軽蔑されていた。一七七五年軍事大臣に任命されたサン－ジェルマン伯(二九)は、この時まだ、徴兵の対象となるものは、民衆のうちでも下層の無用者に限る、と信じていた。戦争を行なうために、〈国民を損うことがあってはならぬ〉、と彼はいった(5)。ナンシー、ブザンソン、メッス等の警察命令は、兵士がある種の公共の場所に立ち入ることを禁じていた。そこには、〈娼婦、犬、兵士、貧者〉、と書かれてあった。その一方、将校たちのあいだでは、その食事も生活ぶりもますます贅沢なものとなっていった。ある将軍は、一〇〇人以上もの従者を引き連れていた。兵士たちが将校を、上官と、高貴な生まれの人間と、雇い主との混じり合ったものとして見るようになったのも、当然のことであった。新兵の徴募、ならびに連隊や中隊の装備と維持に関して、連隊長は国と契約を結び、中隊長は連隊長と契約をした。これは企業家が、まかされた事業を行なうために必要な労働者を雇い、物資を買い入れるのと、まったく同じことであった。

中隊そのものが、しばしば競売に付された。その値段は、需要と供給に応じて変動し、市場の株券と同様に、値上がりしたり値下がりしたりした。かつて武芸を専業とした貴族階級の戦士としての機能は、連隊あるいは中隊の指揮権と所有権を持つということ以外には、ほとんど何も残ってはいなかった。

すでに数世紀もまえから、職能的諸条件そのものが、貴族に不利なように変わってきていた。世代が下るにしたがって、貴族はだんだんにその力を失い、歩兵、砲兵、管理職、事務職、技師等が、その力を増していった。軍隊の経理が貴族の手を離れた。コネターブルと呼ばれた総帥の地位は廃止され、軍事を担当する国務事務官がその職を引きついだ。これは軍人ではなく官吏であり、大貴族ではなくして王の一介の雇人であった。この職責はそこにつくものを貴族に列せしめはしたが、彼自身は自分の出身・家柄の故にこの地位についたのではなかった。また、ルーヴォア(三〇)は制服を軍隊にとり入れた。それ以後兵士たちは、連隊長からもらった仕着せを着るのではなくして、王家あるいは国家に奉仕する者の制服を着用することになった。これをさかのぼって考えれば、新兵たちが自らを国民の防衛者と考えるような下地をつくった、とも考えられる。ともかく、兵士をして、強者の従僕ではないのだと気づかしめるような傾向が、生まれつつあった。

制服はまた、国家の経済機構・工業機構を強化する役割をも果たした。同じ服を何万も裁断し縫製するための、計画的な工業が必要とされるようになってきたからである。工業界に規格化された大量注文が行なわれたのは、事実上これがはじめてのことだ、とルイス・マンフォードが指摘しているのは正しいことである。これと同じ種類のことであるが、ル・ブランは一七七五年、部品交換の可能なマスケット銃を製造した。これは決定的な革新であった。それまでの勘にたよった職人仕事は不要となり、個々の部品を機械的に製造すればよいようになったからである。エリー・ホイットニーが一八〇〇年以降合衆国政府の需要をまかなうことができたのは、まさにそのためであった。当時、刈取結束機やミシンといった機械は、想像もできないものであったが、ティモニエ(三二)がリヨンでミシンを発明したとき、はじめにこれに関心を示したのは軍隊であった。そのころ量産体制を必要としたのは、軍隊だけだったからである。

　銃砲にせよ大砲にせよ、それぞれの種類の銃砲にたいして一つの口径を制定しようとする動きは、かなり前からあった。一七世紀以来、兵士は住民の家に宿泊することを止め、国家の所有になる兵営に宿泊するようになった。軍隊の経理も進歩をとげ、兵器廠、倉庫、病院を建設するまでになった。軍隊は、大規模な近代的複合的社会集団を構成した最初の例であった。生産、輸送、補給、装備等の諸問題、作戦計画の立案、その遂行のための諸部門の共同作業、これらがあいまって、未曽有の大規模な管理機構を生む結果となった。そしてこの管理機構には、文官の力をかりなければならなかった。現代民主主義国家に見られる中央集権的機構の源泉は、遠く、軍事的必要性を満足するためにつくられたこの種の管理機構にまでさかのぼるのである。

　一七七二年、イポリット・ド・ギベールはロンドンにおいて、『一般戦術論』を刊行した。彼は、後に軍事管理委員会のメンバーになった人物である。ところで人びとは、彼が指摘したつぎのようないくつかの事実の意味に、充分留意していたであろうか。彼は最初の頁に献辞として、〈わが祖国に〉と記していたのである。また彼は、〈市民〉の義務と権利とをしか問題にしていなかったのである。そして、他の国民に先立って国民軍を組織しこれを維持することのできる民衆がヨーロッパに覇をとなえる、と予言していたのである。一七八〇年、〈自由なる国〉すなわちヌゥシャテル（三二）において、前書と同じく匿名ではあるが、『市民兵』と題された著作が刊行された。これ以上意義深い題名を、いやむしろ、当時としてはこれ以上に恥しらずな題名を、想像することができたであろうか。この著者はジョゼフ・ド・セルヴァン（三三）といい、陸軍少佐、後に将軍となり旅団長をつとめ、一七九二年軍事大臣となった人物である。

この二番目の書は、その題名のはなばなしかったわりには、はっきりしない物足らぬものだった。これとギベールの作品とを、同列に扱うことはできない。

第四章　イポリット・ド・ギベールと共和国戦争の観念

ジャック・アントワーヌ・イポリット・ド・ギベールは、フランス文学史のなかにも若干その名をとどめている。といっても、それは彼が文学作品を書いたためではなく、他の人が彼に書き送ったものによってなのである。彼が書き残し、ときたま上演されたいくつかの悲劇の評判は、生前すでに忘れ去られてしまっていた。それに反して、レピナス嬢(一)が彼に送った愛の手紙は、あまり知られていなかった彼の名を、間接的にではあるが、永いあいだ有名にするものであった。

パリの社交界の寵児であった彼は、哲学者のグループと接触を持ち、彼らを支持し、自分も彼らからの支持を受けていた。彼はモンテスキューやエルヴェシウスを高所から判断する態度をとり、彼らの作品を、支離滅裂で軽薄に失するとしていた。廃兵院院長の子として育ち、一七八六年旅団長となり、同年フランス学士院会員に選ばれ、サン・ジェルマン伯の協力者であり顧問であり、また軍事大臣をも務めた彼は、一七七二年、若くしてロンドンにおいて、匿名で一つの著作を刊行した。しかしこれは当時の慣わしであって、その著者が彼であることは、大方の知るところだった。『一般戦術論』と題されたこの著作により、彼はただちに当時最初の軍事理論家として、全ヨーロッパの注目するところとなった。実のところこの著作は、その明解さにおいて、クラウゼヴィッツの著作をはるかに抜きん出たもののように思われるが、その理由については後述することにする。そのなかには、それから起ころうとすることが、すでに予見され、提唱されていたのである。すなわち、民主主義制度の影響のもとに、戦争が変わってゆく、という事実がそれである。（ただ大変奇妙なことに、知らぬこととはいいながら、この著作はこの変化をいとわしきものとしている）。半世紀後にクラウゼヴィッツのなしたことは、これを記録し分析したに過ぎない。

この著作は、文学的には大いに成功を博した。つまり、その文体は人びとから賞讃を受けた。ヴォルテールはその成功を祝して、この著者に熱烈な手紙を送った。ダランベールのすすめを受けてこれを読んだフリードリッヒ二世も、ギベールが〈国民的〉でないとして非難したプロイセン軍に関する記述を除けば、これをよく評価していた。

一七八七年一〇月六日、ブリエンヌ(二)は軍事管理委員会を創設した。ギベールは、この委員会の〈中心となる報告者〉であった。やがて、三部会が召集された。彼は、ブールジュ(三)で開かれた代官法廷に、貴族側代表として出廷した。しかし彼はここで、貴族階級の敵としてやじり倒され、法廷から追い出されてしまった。この時に発表できなかったところの論旨を、彼は後に出版したが、その内容は激しいものであった。いうまでもなくギベールは、三部会の召集を、公正な王の判断によるものとしているが、〈実はむしろ、一般民衆の与論が王とその顧問たちにあらゆる方向から強く働きかけたからである。王やその顧問たちが政治の一般的動きを与えるのではなく、彼らさえもこの動きを受けとめてゆかなければならない時代において、王のなすべき政治とはこの一般的動きを導いてゆくことなのだということを、与論が彼らに知らしめたからである〉(1)。

ギベールは政府のつくったいろいろな計画を攻撃し、その〈実行不可能な専制政治〉的な目論見を批判した。彼は革命が準備されつつあることを暗示し、第三階級〈のみが国民を構成することができる〉として、これに対する信頼を明らかにした。また、三部会に立法能力を与えるよう要求し、憲章ではなく憲法を、すなわち王と国民とのあいだで結ばれた契約を、要求した。〈なぜなら、憲章というのは妥協に過ぎないからである。この妥協は、王に属する諸権利をわれわれが持つことを認める、という形のものとなる。けれども実のところこれらの権利は、もともとわれわれに属しているものなのである〉。彼はこの点を強く主張した。〈諸君、諸君が起草する文書や諸君の代議士が起草する文書のなかから、陳情とか請願というような卑屈な言葉を、かならずや諸君は抹消しなければならない。このような言葉は、自己の力と意志とを放棄して主人のまえに跪く、奴隷の言葉である。権利にもとづく要求、理性にもとづく要求、正義にもとづく要求。これこそが、フランク民族の子孫にふさわしい言葉である。もしこの言葉が、フランク民族の子孫のものでなかったとしても それは、剣による征服に屈せず、堂々と天をにらむことのできる人間たちの言葉である〉(2)。王朝に信をおくことはできない。〈罪を犯すことなく、人を治められるものではない〉、とサン・ジュストはいっている。ギベールは、王朝権力が必然的に圧制を生まざるを得ないことを、確信していた。〈諸君が自由を求めるように、王は権力を求める。王がその心のなかに良心をもち、その精神のなかに正義をもち、それらが王を権力という誘惑から引き離すことができたとしても、王の周囲には、彼にこびへつらう奸臣がいる。彼らはたくさんの口実をもうけては権力を濫用し、この濫用に喜びを見出し、この濫用により生きているのだ〉(3)。

反応はたちまち現われた。王朝政府は、軍の要職にある人間がかかるけしからぬ意見を公表したことに激怒し、彼に辞職をせまり、それを果たした。ギベールは、翌一七九〇年五月、四七歳をもって、失意のうちに世を去った。

しかしこれも束の間の勝利だった。すでに骰は投げられていた。チュイルリーを守るスイス人部隊を除く全軍は、議会への忠誠を表明し、改革派に挺身するミラボォは、銃剣を向こうにまわしながらも、有利に事を運んだ。

けれども、ここで問題となるのはそのようなことではない。貴族出身の一人の将校の、幻想と矛盾とが問題なのである。コルシカ島において王の傭兵を指揮してパオリ(四)の独立運動派と戦っていたころ、彼はすでに、品位あるよき軍隊とは国民的軍隊以外にはなく、兵即市民、市民即兵でなければならぬ、と考えていたようである。部隊をもっと強力にし、しかも戦争をもっと殺戮性の少ないものとするために彼の抱いていた考えは、天才的なものであると同時にまた不幸な思想でもあった。すなわちそれは、徴兵制に近い何かを、徴兵制に直結するような何かを、指向していたのである。

一　アンシャン・レジームの理論家

『一般戦術論』に先立って、「ヨーロッパにおける政治と軍学の現状序説」と題する論稿が出版された。もちろんその言葉は国民公会時代のものではなく、それより約二〇年前の立憲議会時代のものである。著者はその献辞のなかで、王国の主君と臣下とが、ともども市民としての身分を尊重し合えるようになることを願っている。〈自分の祖国のしあわせを願う一市民の熱狂のなかには、尊敬に価いする何かがある〉、と著者はこの論稿を結んでいる。彼がこの論稿のなかで理想の君主としているのは、諸々の権能を濫用するどころかかえってそれらを民衆に委譲し、自らも国民の選んだ法に従うような君主であった。

この著者は、戦争を一つの災厄と考えていた。しかもそれは、永遠の災厄である。自己を毀傷する技は、人類が生み出した最初の技である。(4) さいわいにも、時のたつにつれて原初的衝突におけるような盲目的な怒りはやわらぎ、少しずつ新しい種類の戦争が導入され、戦闘を行なうよりも、科学その他の行動がより多く取り入れられるようになった。(5) 初期の戦闘は、粗暴、執拗、凄惨なものだった。多数と多数がぶつかり合い、偶然と無知とがぶつかり合った。そこにおける死傷は、おびただしいものであった。

一人びとりが戦おうとし、危険と栄光とに参加しようとした。そのため戦闘は凄惨かつ血みどろのものとなった。それに比べるとき、現代の戦闘は遊戯にすぎず、まるで作り話のようにさえ見える。銃砲というものを知らない二つの未開民族が、たがいに激しく対立していたと仮定しよう。彼らのうちで勇気のある者たちが集合し、それぞれ敵に向かって進み、そして敵と向かい合うところまで来たとしよう。その時彼らは、一人びとりがみな敵に立ち向かうことができるよう散開するであろう。北米大陸において、ヨーロッパ人がつくった国、ヨーロッパ人が軍備を行なった国以外では、すべての民族がこのようにして戦っていた。彼らの戦争は、ときとして、被征服民族の完全破壊に終わる場合もある。ヨーロッパに住んでいた初期の人類とても、偶然と野心と理性能力とが何らかの光明を彼らにもたらすまでは、こうして戦っていたのである。(6)

哲学と戦術の進歩が、このような殺戮を消滅させるのに貢献した。

すでに見たように、兵学は並行隊形を斜行隊形にかえ、戦闘を流血の少ない、より知的なものとした。偶然と破壊の働きにかわって、計算と組み合わせの働きがものをいうようになった。破壊の学であるところの兵学が、より進んだ学となってゆくなかで、戦争そのものの破壊力を縮小させることができるとしたら、それは喜ばしいことである。流された血の量によってではなく、将軍たちの技能によって戦闘の帰趨が決まるようになったとしたら、それは喜ばしいことである。あらゆる技術が進歩をとげる世紀にあたって、軍事技術もこの光明の伝播の恩恵を蒙っているということは、軍人にとって、名誉あるしかも頼もしいことである。(7)

人類愛に燃えるギベールは、心からこのことを喜んでいた。人類愛は、彼が属していた百科全書学派の特徴であり、またその時代の特徴でもあった。けれども、戦争と軍隊との時代的推移をさらにこまかく立ち入って考えるとき、彼の熱意はいくぶん控え目になってくる。その善意に満ちた信念に変わりはないのだが、突然彼は、それまで進歩と呼んでいたものを堕落とみなすようになる。しかも彼は、その矛盾に気づいてさえいない。というのも、そこで彼をとらえていたのは、現実のいま一つの面だったからである。言葉をかえていえば、それまで彼は信念の人として語っていたのであるが、ここでは歴史家として分析し、思想家として裁断し、その道の専門家として判断を下しているのである。もちろん彼は、用兵の巧みさによって勝敗の決するような、そのような戦争をよしとしていた。その例として彼は、二度にわたってテュレンヌとモンテククーリについて述べている。一七六五年、この両者の〈うるわしき戦い〉の際、彼らは横が四、五里で、縦が一〇ないし一二里ばかりの小国のなかで、たがいに観察し、接近し、威嚇し、小ぜり合いを仕掛けはしたものの、衝突はしなかった。もちろん〈これら二人の名将は、栄誉と恥辱の何たるかを、はっきりと心得ていたのである(8)〉。

彼らは不利な条件で戦いを強いられるよりも、むしろ戦いを避けることを選んだ。ギベールはこの点を賞讃している。けれども彼は、前世紀の末以降、〈戦線の全面にわたって戦闘が行なわれる〉ような戦いはあるまい、ということを確認し、〈局部衝突〉しか起こらない理由を説明し、〈軍隊が国家にとって力であり命運を担うものである以上、国家といえども軍隊の一般的活動を損なうようなことを、盲滅法に行なうことはできないからだ(9)〉とした。この時彼は、この種の戦争は決定的な意味を持ちうるものではないということを、理解していた。未開時代の戦闘は効果のあるものではあるが、〈技巧のないものだった。それにひきかえ現代の戦闘は、それが名将たちによって行なわれた場合、大きな成果をあげることはできない〉、と彼は告白している。

ともあれ、兵士はよりよく武装し、部隊の数もより多くなっていった。しかしギベールは、この点を進歩とはみていなかった。彼にとっては、短い武器こそ勇者の武器であった。武器が長くなれば、それだけ勇気は少なくなる。飛び道具を使うということは、〈敵と自分とのあいだに、できるだけ大きな間隔をおこうとすることにほかならない〉(10)。火薬の発明は、兵法のうえではまことに不幸な出来事であった。

新しい破壊手段をもたらし、騎士制度に最後の一撃を与えたこと、これが火薬の行なったことである。騎士制度は、われわれの生きる啓蒙時代から見るとき、うらやましいほど無知な時代の制度であった。銃砲が戦術の進歩をおくらせたことは確かであろう。というのも、銃砲があるため軍隊同士が接近せず、そのため戦闘のなかにより多くの偶然的要素がはいりこみ、採りうる手段も限られてくるからである(11)。

銃砲は、あらゆる国々の国民の用いるところとなった。もちろんそれは、銃砲のすぐれた点が証明されたためではある。しかしギベールは、銃砲がこのように急速に広まったことについて、いま一つの理由を考えていた。すなわち、あらゆる国の国民が、〈みなそろって身体を運動させることに不慣れになり、不器用になり、無為に日をおくり、柔弱になってしまったため、勇気も力も技もいらぬような武器を、みんなそろって採用せざるをえなくなったのである〉。この点に関する限り、ギベールの意見は、自分自身のカーストのうちにとどまっている。彼が砲兵に対してきびしい意見をもっていたのも、そのためであった。彼は、大砲が武器と呼ばれることを好まなかった。彼にしてみれば、大砲は、有用かつ重要な一つの付属物にすぎなかった。〈武器と付属物とをこのように区別することは、いささか不自然なことのようにみえるかもしれない。しかし、砲兵というものについて明確な観念を与えるためには、それが必要なのである。武器という言葉によって想起されるのは、歩兵あるいは騎兵にほかならない。ところがこの付属物という言葉は、人間の想像力が、戦闘員の力を増すために永いあいだ工夫し求めてきたところの、つぎのような別種の手段にぴたりと当てはまる〉(12)。

これら別種の手段として、彼は、象、鎌をとりつけた戦車、投石器、弩、等をあげている。彼はこれらの手段を高くは評価せず、出てくるたびにそれを頽廃の印しとした。ローマ人はこの種の手段をたくさん用いたが、それらは彼らが勇気に欠けるようになってからのことであった。砲兵隊というものは音ばかり大きくて殺傷力がなく、厄介なばかりで役にはたたない、とする意見もあったが、ギベールはこの意見に与するものではなかった。とはいえ彼は、大砲こそ軍団の中心であり、これこそが勝利を決定する武器であるとする一派の将校たちのつくった報告を見て、なおのこと不承知であった(13)。敵の進出を抑えるために適切な位置におかれた砲兵隊は、敵に対して〈大きな損害と、さらに大きな恐怖〉、とを与えることができる、という程度にしか、彼は砲兵の力を認めていなかった。彼は、〈過度に人数の多い砲兵隊のもつ欠点〉についてとくに一章をあて、ある不注意な指揮官が大砲に頼りすぎたために出会ったさまざまな危険を、明確に描きだしている(14)。この将軍は四〇〇門の大砲を要求した。ところが、四〇〇門の大砲を使用するためには、二〇〇〇輌の車輌が必要とされた。これを合わせれば、合計二四〇〇の砲および車輛を牽引することになり、それには少なくとも九六〇〇頭の馬と二〇〇〇人以上の馭者が必要であった。ギベールは勝ちほこったようにいっている。〈この通り、この大掛かりな兵器を備えるには、破産するほどの費用がかかる〉[15]と。しかもそのうえさらに、砲手とその従者とをこれに加えなければならない。

著者は、このような事態に怒りを抱いていた。彼が承服できなかったのは、〈テュレンスやグスタフ・アドルフの時代なら一軍団をつくれるほどの人数の兵士たちが、今日では、一つの軍団のなかで大砲という戦争機械を操作することだけに使われている〉[16]、という事実であった。砲兵隊があったために、作戦全体が補給計算により制約されることになった。〈それ以来、偉大なものなどなくなってしまった。兵学もなくなってしまった〉[17]。このにせの、危険な、また強力な兵器は用兵を不可能にし、それを使うものを敵の餌食とした。

砲兵の重要性が増大してゆくことは、ギベールにとって、兵員数の増大とともに、戦術の向上を阻害する二つの悪と考えられ、またこれは、〈人類にとって憂うべきこと〉[18]と考えられた。彼はテュレンスの偉大さを想起し、〈兵員数五万人以上の軍団は、これを指揮する者にとっても、またこれを構成する者にとっても、ともども不都合なものである〉[19]、と記している。その著の全体を通じて、彼は兵員数の多い軍団の欠点をあげ、扱いにくく、維持し難く、迅速かつ容易に操兵できないとしている。

ジャック・アントワーヌ・イポリット・ド・ギベール伯爵は、このような種々の点において、階級的偏見、時代的偏見、職業的偏見といったような、自己の出所に由来する数かずの特徴を暴露していた。

同様な気質から彼は、最前列の歩兵が射撃のために折敷することに賛成しなかった。〈折敷ほど滑稽で非軍隊的なものは見たことがない〉。兵士がこのような姿勢をとることを止めさせられるかどうか、彼は危ぶんでいた。彼はまた、突撃しながら発砲するのをよくないこととした。歩きながら発砲すると、隊列をくずす恐れがある、というのである。一旦くずれてしまった隊列は、もはや〈無秩序な群れ〉にすぎない。クラウゼヴィッツより半世紀まえ、すでに彼は、現象が極端に向かう傾向のあることを考え、これを公言していた。ただ彼は、それを誤れる状況とみていた。〈法を課するのは常に敵である。敵が騎兵二〇〇個中隊を戦場に投入したならば、味方も二〇〇個中隊の騎兵を投入せぬ限り、味方の敗北と考えられた〉[20]。彼は刀剣に対して感情的な根強い愛着をもっていて、刀剣による戦いのみが、〈勇気と技とを発揮できる唯一の戦い〉[21]であるとした。こうして見ると、彼がどの程度まで古い軍人の域を脱していたかがわかる。彼の意見は、細部においてはいつも、一八世紀の軍事理論の大勢をうつし出したものだった。彼の意見が当時の多数意見と同じであったということは、驚くべきことではない。驚くべきはむしろ、彼が多数意見とは別の理論を説いていたことである。たった一人、彼が別の理論を抱いていたということである。また、軍学の分野において啓蒙主義哲学の主張を表明し、フランス革命の先駆となったということであった。

二　革命主義者

ギベールは当時用いられていた戦術を、知的ではあるが実効性のないものと考えていた。人命を尊重するという点では、彼はこれをよいものと考えた。また、一種の遊戯のようになっている点では、これを遺憾なことと考えた。そこでは国民の利益は考慮されず、真の勝利を期待することもできなかった。兵士が戦争の用具でしかなく、みんなから軽蔑され、生活のつてもないような状態では、どうしてそのようなものを期待することができよう。ギベールは、兵士の俸給をまず上げない限り、如何なる改革も意味がないとした。兵士の俸給は、〈二〇〇年前から据えおきになっているのに、物価と賃金はどこでも三倍、四倍になっていた〉。あらゆる仕方で痛めつけられ、そして嫌われた哀れな兵士の生活を、彼は巧みにそして恐ろしいまでに描き出している。

この人間は、粗末な食事の故に疲れ果て、日頃は水しか飲むことができず、気晴らしとて何もなく、日曜祭日ともなれば、のらくらと無為に過ごす従僕たちからもさげすまれ、下層の市民からは軽視され、楽しみのためにわずかの金を払う最も貧しい職人にさえ蔑視されている。不幸な人びとの数あるなかでも、この兵士よりもさらに不幸なものとては、何も持たぬ者しかないだろう。汗と涙の浸みたパンを家族とともに分かち合う日雇い農夫しかないだろう。しかもこの人間が、祖国を守り、祖国のために血を流さねばならぬのである。不当にも人びとはこのような人間に対して、誇りと徳を持つよう求めている。(22)

こうしてみると軍隊が、住民のうちでも最も貧しくさげすまれていた者たち、異国人、浮浪人、法による保護を受け得ぬ者らによって構成されていたというのも、驚くにはあたらない。彼らは折あらば軍旗の下を離れようとねらっていた。ギベールはヨーロッパ各国の軍隊を調べてみたが、愛国心と誇りとを基礎として成りたっている軍隊は、ほとんど見出すことができなかった。政府の軍隊は随所にみられたが、国民の軍隊はどこにもなかった。彼はフリードリッヒを賞讃し、その友人たちと同様、フリードリッヒについて讃辞を書き残しているが、その軍隊の本質については見誤らなかった。彼はフリードリッヒの軍隊を政府の軍隊とみなし、この政府の軍事面における蒙昧さに驚いていた。また、国民の資質と人口の数に応じて部隊の構成と部隊の数とを計算しないことについて、この政府を非難していた。彼のいうところによれば、〈兵士という職業が尊敬されているような国はない。若者が軍事教練を受け、法は勇気を高揚し、怯懦をいましめ、国民が率先して勇ましい民兵となるような、そんな国は存在しない。王が有能な軍人であるが故にわれわれが軍事国家と呼んでいるプロイセンにおいても、武力によって強大となり、武力によってその版図を保有すると自負するこの国においても、その軍隊は、他の国ぐにの軍隊よりもいきいきとした構成をもっているわけではない。それは市民よりなる軍隊ではなく、他の国ぐにの軍隊と同様、偶然的あるいは必然的事情を利用して異国人、浮浪人、傭人を軍旗のもとに集め、それを軍規でしばったものにすぎない[23]〉。

戦争を業とする兵士は、社会からつまはじきされていた。民衆は民衆で、自分たちに関りのない抗争には何の興味ももたなかった。この〈勝っても何も得ず、負けても何も失わない〉兵士は、何よりも、疲労と危険とをさけようとつとめた[24]。戦争は辛いものではなかった。平和よりもより辛いものではなかった。多くの場合、勝者は住民に対して、元の主君が課した租税より軽い軍税しか要求しなかった。

指揮権はどうなっていたかといえば、これは無能力者たちにまかされていた。彼らは宮廷において、王や大臣にとり入ろうと努力した。将軍にふさわしい能力が将軍をつくるのではなく、王の許可証が将軍をつくった。[25]

〈主要な褒賞のほとんどが策謀によってかすめとられているような国、褒賞のほとんどが世襲貴族により独占されている国、うしろだてのない者は功績があっても報われぬ国、才能がなくても宮廷で勢力をふるうことのできる国、出世するということが信望を集めることを意味せず、金を集めることを意味するような国、威信と恥辱、位階と無知とを併せ持つことのできる国、国によく奉仕せぬ者が最高の職責にある国、民衆からはののしられながら君主の引き立てを受けることのできる国〉、ギベールはこのような国の未来を悲観的なものとして予想していた。[26]

このような条件の下においては、実際に行なわれている戦争と軍隊構成の原則とを、二つながら非難せずにいられるものであろうか。ギベールはある一つの戦い方を軽蔑し始めたわけであるが、その一方、人命と財産を守るものとしてこの同じ戦い方をよく評価してもいた。彼は、武力をつかいながら紛争を解決しない政府を非難した。

それは臆病な競技者にすぎない。武装したまま、傷だらけになってはいるものの、彼らは相手を恐れ、相手を観察することに汲々としている。ときにはたがいに攻撃をしかけ武力を行使するが、その戦いは彼ら自身と同じ

ような臆病なものである。そして血が流れれば戦いを中途でやめ、話し合いをして休戦にし、傷口を拭う。(27)

このような状態を解決するみちは、彼にとってはっきりしていた。彼の二冊の著書の各頁の行間に、それは明瞭に現われている。共和制がそれである。彼はこの言葉そのものを用いてはいないが、いつもこれを暗示しあるいは定義していた。彼が稀れにみる洞察力と粘り強さを持っていたことが、これでわかる。民衆あるいは国民が戦争に参加するとき、はじめて戦争は本物の戦争となる。こう彼は予見し、事実そうであったことを指摘した。この点彼は、啓蒙派の哲学者たちを全部合わせたよりもさらに革命的であった。戦争と民主主義とのあいだには一種のなれあいが、あるいは自然な共犯関係があって、それがいろいろな現象を生むということを、彼は知っていたのだといってよい。なぜなら、国家が本当に軍事国家となるのは、共和制のなかにおいてのことだからである。それについて、彼はいくつかのよい例をあげている。ローマ、スイス、その他、一人びとりの住民が国民の政府に参加し、自分たちの土地を自分たちで守る国ぐにがそれである。(28)彼はその当時の軍隊をきびしく非難したが、スイスとスウェーデンとイギリスの民兵は、そこから除外されていた。スウェーデンの民兵については、彼はこれを国民部隊と呼ぶべきだとしている。このスウェーデンの民兵組織においては、兵士たちは、自分の住んでいる土地の大きさに応じた俸給を受けとっていた。また彼は、イギリス軍のうちから職業軍人部隊を除くよう配慮している。彼の指摘するところによれば、この国民は、〈自ら誇っているように、まったく自由な、まったく共和制的国民ではあったが、軍隊の使用と論功行賞をつかさどっていたのが宮廷であったために、民衆を抑えその自主権を抑えるために、一度ならず職業軍人部隊が使用されたのである〉。[29]戦争がある仕方でなされるについては、いろいろな動機や下心のあることが考えられるが、彼はこれらの動機や下心のうちに、階級闘争の理論に関るもののあることを先取りし、非常な勇気をもってこれを指摘してはばからなかった。この点に関しては、軍事拠点についての彼の理論より以上に意味深いものはない。彼は軍事拠点の価値、あるいは場所の価値といったものを信じなかった。作戦行動を無益に固状化するものとして、これを非難してやまなかった。

フランドルのように、城壁で囲まれた拠点が随所に存在するところでは、戦争は慣例的なまた柔弱な性格をとる。このような戦争がすぐれたものでないことは、いうまでもない。一回一回の戦役でどのような成果があがるか、おおよそ計算することが可能だった。拠点を守るために、あるいは攻囲陣をつくったり守ったりするために、一、二回の交戦が行なわれるが、それを導き決着をつけるのは、多くの場合偶然であった。ここで敗れたものは拠点の後方に退き、勝ったものはそのまた囲みをつづけるか、または静かにその囲みを解く。つぎの戦役も、これと同じことである。どちらかが万策つきて和平の締結を急ぐようになるまで、こうした戦いがつづけられる。[30]

このような戦いがそれでもまだ重視されたのは、戦争は国外でやらなければならぬという立場に政府がおかれていたためだ、と彼はいう。敵がいるのをよいことにして、また戦乱を利用して、民衆が主人たちに反抗する可能性があったからである。また、民衆が悲惨な生活をし、不満を持っていて、革命が起こってもこれ以上悪くはならないほどの状況にあることは、知らぬ者とてない事実だった〉[31]からである。実のところ、拠点というものの役割ほどきまりきったものはない。勇敢な部隊長がこれを無視してしまえば、もうそれで役に立たなくなってしまう。〈立派な将軍がいて、忍耐と節度と大きな実績を持った軍団を指揮していたとしよう。この将軍がそのような自称の防御線には目もくれず、敵国の奥深く侵入して、首都さえもおびやかすといった作戦をあえてせぬものかどうか、それが問題となる。このような疑問を呈するというのも他ではない。拠点というものが敵を国境に釘づけにし、国の中心を戦争から隔てることができるものかどうか、これでわかると思うからである。要塞で国が守れるのは、要塞が実際に障害物となるためではなく、むしろわれわれの採用した戦争習慣のため、われわれの社会組織のため、またわれわれの社会組織が同等であるためであろう。どんな戦争が行なわれ得るかということは、誰も問題にしない。現に行なわれている戦争の仕方を踏襲していくだけなのだ〉[32]。

同じ理由からして、政府は、民衆が戦士的資性を持つことを恐れた。軍隊が戦士的資性を持つことさえ恐れたのである。なぜならそれは、軍隊から民衆へと急速に広まってしまうことがありうるからである。諸国の政府は、この恐るべき資性を奨励してはいたものの、それが市民のあいだに広まり、彼らを武装し、〈彼らを圧迫している社会悪に対して〉[33]彼らを立ちあがらせることを恐れていた。

こうしてギベールは、諸国の王たちが厖大な金を払って傭兵を養い、それによって戦うというこの人為的な戦争の、真の理由を発見し得たと考えた。その真の理由とは、市民を武装させることに対しての恐怖である。ところが、政府の在り方をさえ変えれば、すべては解決されるのである。軍隊は、ローマ軍、スイス軍のように不敗のものとなる。兵士たちは祖国を愛し、祖国とわが身を区別しないようになる。栄光を愛し、危険と犠牲を自ら求めるようになる。

現状は、いともたやすく説明することができる。〈ヨーロッパの多くの国ぐににおいては、民衆の利益と政府の利益とのあいだに、大きな隔たりがある。愛国心とは、単なる一つの言葉にすぎない。市民は兵士ではなく、兵士は市民ではない。戦争は国民の行なう抗争ではなく、君主や大臣の行なう抗争である。しかもそれが、金をつかい、税金を費やして行なわれるのだ〉(34)。これとは逆に、戦争が国民の行なうものとなった時には、全兵士が市民であり、全市民が兵士である場合には、いいかえれば、普通選挙制度と義務兵役制度が確立されたあかつきには、状況はまったくかわってしまう。ギベールの熱意は、堰をきったようにほとばしり出る。〈自由な国家があったと仮定しよう。民衆は公序良俗と徳と勇気と愛国心をかね備え、報酬を求めず、共同の防衛のために武装し、戦争を少ない出費で行なうことができたとしよう。自らで自らを治め、一旦国の危機にのぞんでは、最も聡明な最もふさわしい人物を選んで長とするような、そのような民衆があったとしよう。このような国にとっては、要塞など必要ない、とわたくしはいいたい。自由を守るためには、むしろ要塞などないほうがよいといってもよい。要塞などもたなくとも、征服される危険はすこしもない。というのも、まず第一にこのような国の軍隊は、最も勇敢であり、最もよく組織され、最もよく指揮されていて、かならずや国境で敵を防ぎとめることができるであろうからである。もしその逆の事態が生じたとしても、この国は、何里かの国土を失うというだけで危機にひんすることはない。市民たちは国の各所から集まり来たり、共通の敵に対して抵抗するであろう。敵が勝ちを得れば得るほど、敵は散開せざるをえなくなり、より弱体になるにちがいない。敵のいるところ、そこが国境となるのである。というのも、いってみれば、国家が後退したところで、土地と人間とが残っている限り、その国家は存続するのだから[35]〉。

三　国民総武装の予見

この点においてギベールは、さきに彼が知的な、文明化された、人間的戦争のうちに認めたところのいろいろな長所を、忘れ去ってしまっている。彼をそのとき導いていたのは、ある一つの可能性であった。すなわち、軍隊を不敗のものとし、戦争そのものを正当なものとし、圧制の企てに対して市民の自由を保証する役割を戦争に認め、さらにいいかえれば、戦争を進歩のための要素にかえ、光明を広めるために戦争を用いることのできるような、そのような体制が可能なのではないか、という予見である。

とはいえ、ときとしてこの著者は一抹の懸念とノスタルジアにとらえられ、将来考えられる戦争において戦争当事者たちは、以前歴戦の将軍たちがみせたような節度と慎重さとをもって行動することはもはやあるまい、と考えた。しかし、このような過度の繊細さは、戦争の本性そのものに反するものではなかろうか。〈哲学の立場そして人類の立場からこれを見る限り、要塞の故にせよ、できあがった仕来たりの故にもせよ、戦争がそのように小さな作戦で行なわれ、要塞を取っては取られのくり返しのようにして行なわれ、むかし行なわれたような征服と荒廃ではなくなったということは、喜ばしいことというえよう。しかし戦争目的の方から見てみると、戦争の技法が退化したことは否めない。というのも、戦争の成果がより小さくなったからであり、またこの成果が、敵にできる限り大きな損害を与え、対立国民間の抗争にはやく決着をつけるという、不幸なしかし第一義的目的を達成していないからである[36]〉。

ヨーロッパ大陸の覇権は、住民の一人びとりが市民的責任と軍務とを負うているような民衆に対して、約束されていた。このような民衆に対して、誰が抵抗することができよう。そのような民衆が存在したらどんなだろうかと想像をめぐらしてみれば、もうそれだけで、いかなる障害をもってしてもそのような軍隊の侵入を阻止し得るものでないことが知られる。〈すぐれた才能とすぐれた手段とすぐれた政府とをもった、活発なある民族がヨーロッパに起こったと仮定しよう。この民族は、きびしい徳と国民的民兵組織とに加えて、一つの決められた発展的計画をももっていたとしよう。戦争を少ない費用で行なうすべと、勝利をもって自らを養うすべとを知り、予算が足りなくなったという理由で戦争を中止するようなことのない組織をもっていたと仮定しよう。このような民族は、近隣の民族を従え、文弱に堕したわれわれの社会組織をくつがえすであろう。北風がひ弱な葦をなぎ倒すごとくに[37]〉。

のちに軍事管理委員会の報告者となるこの著者は、ここで決定的な一歩を踏み出している。民主主義の熱情にかられた彼は、先刻まで尊重していた人道的な決まりと中庸とを無視してしまう。彼はそれまで、哲学と理性の進歩とが人道的決まりと中庸とを生み、さらにそれを広めて戦闘の残虐性を緩和したとして、高く評価していた。ところがここで彼が予見しているのは、新しい戦争は民衆のなかで行なわれ、自らのために武器をとって立ちあがった民族は、かつて行なわれたような作戦行動はとらない、ということである。むかしの作戦は、最初の敗北でおじけづき、若干の領土を割譲するのと交換に和平を結ぶことに汲々とするような、慎重でしかも臆病な大臣たちによって行なわれていた。時代は移り戦争は、まかされた兵力を温存しながら、自己の巧妙さを証しすることに汲々としている将軍たちのものではなくなった。限られた財源と、補充不能な部隊を用いて行なう作戦ではなくなった。こうなった場合の戦争は、決定的な成果のないままに行なわれる巧みな一連の演習ではありえない。戦争は、怒りをもって、熱情をもって行なわれるようになった。

ギベールは、戦争が仮借なきものとなるだろうことを想像しながらも、これにひるむものではなかった。自己の諸権利を意識し、それを行使するすべを心得た民族の市民兵は、暴力を用いても行き過ぎを行なっても許される、と彼ははじめから認めていた。〈怒りに燃えたこの民族は、敵に鉄火の雨を降らせるだろう。そして、この民族の平安を乱そうとする民族は、その報復の恐ろしさを知るにちがいない。自然の法則にもとづいたこの報復を、野蛮な所業と呼び、自称戦争法の侵犯と呼ぶことは当たらない。平和でしあわせなこの民族が侮辱を受けた場合には、彼らは立ちあがり、家を離れ、必要とあれば最後の一兵まで戦うのだ。彼らは満足のゆくまで報復するであろう。そしてその報復のはなばなしい成果により、未来の平安を確保するであろう〉[38]。

ここで問題となっているのは、単なる一場の雄弁ではない。細かな点でも機会あるごとにギベールは、一つの重大な変革を行なうという方向で、軍事制度を変えるようすすめている。もちろん彼はこの変革を、焦眉のものとは考えなかった。実をいえば、彼にとってこの変革は、可能的なものとしてよりは、むしろ理想のようにおもわれていたのである。彼は、徴兵制をすすめたわけではない。ただ、〈ほとんど奇蹟的な革命[39]〉と彼が呼んだところのものを待ちながら、実現可能とおもわれる改革を提案することで、彼自身は満足していた。彼は、兵士が尊敬されることを望んだ。兵士の教育にしても、〈才能の墓場〉であり、腐敗と暇と野心と無規律の中心であるパリを離れた所で行なわれることを願った。パリはいつも、〈フロンドの乱やリーグその他の陰謀〉の起きる場所であった。というのも、兵士は頑健で道義正しくなければならぬからである。また、兵士には充分な俸給が支払われなければならない。すでに見たようにギベールは、俸給を生活費に応じた率に調整するよう要求していた。彼はまた、老齢・傷病・配偶者・子供のための扶助制度をつくるよう要求した。これはいうまでもなく、兵士という職業への愛着をもたせ、〈戦争を欲し、戦争のなかから報賞を見出す[40]〉ようにさせるためであった。

同様にして、彼が要塞というものに反対であったのも、市民軍にそのようなものは不要だ、と信じていたからである。市民軍は攻撃のための軍隊で、機動性をもち、ずっと活動的に戦争を行なうものだからである。軍隊への補給と糧食の貯蔵とを行なうためには、〈請負業者〉制度がとられていたが、彼はこの制度をも批判した。この制度は、費用がかかり過ぎる割には働きがあまりに鈍く、また厄介で、将軍と請負業者とのあいだに数多くの行きちがいを起こすもとである、と彼はみていた。しかし彼がそのように主張するのは、敵国にあっては敵国のもので補給をまかなうよう奨励するためであった。軍隊は〈その攻略の成果によって〉自らを養うべきだ、と彼は考えた。そして、〈戦争そのものを使って戦争を育てていくというやり方[41]〉が、まったく知られていなかったことを嘆いている。また彼は、糧秣と輸送手段と倉庫管理や配給に必要な人員とは、すべて徴発すべきであるとした。こうして彼が要求することは、だんだん大きなものになってゆく。〈さてわたくしが敵国にあり、この国が豊かな国であったとしたら、わたくしは管理部からの出費を中断し、この敵国がそれをまかなえる限り、この敵国にそれをまかなわせる。冬期において敵国に入った場合はなおさらである。配給、貯蔵、補給、会計のすべてをこの国に行なわせる。その地において軍隊は、戦役の疲れをいやし、住民たちの家に住まい、俸給は貯蓄すべきである。とはいえ、この場合軍隊が要求しうるのは、その国が消費しているところの物品であって、それも正当な限度内のことでなければならない[42]〉。

そのかわりに彼は、鉄の軍規をもって、わずかな不当徴発も小さな違反も取り締まるべきだとした。彼が模範的軍隊と考えていたのは、ローマの軍団をもとにして考え出したところのもので、彼はこれを、掠奪の誘惑にまどわされぬ非のうちどころなきものと考えていた。

このような考え方は、さきに示した他の考え方と同様、抗争の範囲を拡大し、その性質を深刻化し、その結果を重大化するものであったが、彼はこれを抑えようとはしなかった。彼としても、これ以外の道はとり得なかったのであろう。戦争が国民全体の仕事となることを、すべての事象が示していたのである。民族の関心・利益・参加なしに戦争が行なわれることは、もはや考えられなくなってきた時である。一口にいってギベールは、住民全部を軍隊に、そして諸国民全部を戦争に、導き入れようとしたのである。彼は奇妙な幻想により、国民的規模の民兵組織は兵員数も少なく費用も少なくてすむ、と信じていた。まもなく時は、彼の思想のこの素朴な部分をくつがえしてしまう。市民軍とは、不可避的に、大衆動員と徴兵制によってつくられる軍隊だったのである。

＊

ギベールは、ときに職業軍人である貴族将校として現われ、ときには人類の幸福を夢みる啓蒙哲学の愛読者ともみえ、またあるときはフランス革命においていわれたような〈愛国者〉ともみえ、また冷厳な理論家として現われる。彼が非難するところの諸悪は、大作戦を熱望する戦略家をいら立たせるものではあったが、戦場に流される血の量を抑制するものではあった。しかしその一方、この理論家の好んで主張するところは、これら諸悪とは比べものにならぬほどの悪を、まき散らす恐れのあるものであった。彼のこの三つの様相は、別々に現われるのではなく、またつぎつぎに現われるのでもない。というよりも、これらは、同時にそしてからみ合って現われるのである。彼が武器として刀剣を好んだこと、砲兵の能力について批判的であったこと、他からは尊敬され自らも矜持をもち、よく教育されよく統御された国民的民兵組織というその理想、祖国の敵に対する熾烈な戦争という考え方、またそのような戦争の脅威。こうしたものが、そこに同時に現われてくる。時代の基礎の薄弱なることを語り、鋭い感受性により将来への希いを語り、自己の固い信条の論理を語る場合に応じて、あるいはマレシャル・ド・サクスのように、あるいはモンテスキューのように、あるいはまたサン・ジュストのように、彼は語っていたのである。

ともかく、フランス革命の際行なわれた大衆動員は一種の絶望的な方策であって、迫りくる危険の大きさに怒り狂った政府はこれに頼るしかなかった、というように認められているが、人びとはこのことを、余りに広くまた余りに早く認めすぎたようである。また、共和国第二年における軍隊の戦術が、将軍と兵士との無経験に由来するものだとすることは、かならずしも正確とは思われない。ギベールを読んでみれば、この両者がすでに二〇年以前にたてられた一つの理論に対応していることがわかる。この理論は当時最も賞讃されていた理論家の一人がたてたものであって、すでに激しい論議と熱烈な支持者とを生み出していたのである。まずそこでは新しい兵員徴募法についての諸条件が分析され、新しい戦略がたてられ、将来における戦闘員の気質が描かれている。そこにはまた、戦争の激しさ、部隊の機動性、過去の仕来りの蔑視、果断な用兵法、新兵の徴募、戦闘が頻繁かつ執拗なものとなること、また戦闘が決定的な性格をもつようになること、等が予見されていた。この著作は、異例の成功を収めた。この本が、兵士あがりの将校たちのグループのなかで討議されなかったということはあり得ない。ウルリッヒの言によれば、彼らのグループのなかには、王の軍隊のあらゆる権能と忠誠心とが集約されていたという。彼らは彼らなりの戦争観と改革への欲求とをもっていた。そして彼らは、彼らに一切の昇進を禁じた特権制度を憎悪するためのより大きい理由を、この本のうちに見出した。一七八一年五月二二日の法令は、上級将校となるためには過去四代にわたって貴族であることが必要である、としていたのである。

一七八九年、はじめから彼らは国民議会に忠誠を誓っていた。そして専制君主に対する憎悪に燃えて、民衆を屈従から解放しようと決意したのだった。とはいえ、大革命から帝政時代にわたって軍事制度が改められ、戦争の実際の仕方が変化してゆくなかには、ナポレオンやカルノォのような天才の行なった試みが、また幾多の向こうみずな試みや、状況に迫られてやむをえず行なわれた試みが、首尾よく行なわれたものや不首尾であったものなど、いろいろなされたことも否めない。ただ、このような大きな変化がまえもって考えられていたものではない、と信ずることはできまい。当時の社会情勢とは対照をなすものとして、願い求められていたのだ、と考えねばならない。とくにそれらの変化は、政治的革命と結びついていたのである。

臣民が市民となったので、戦争も国民全体の仕事となり、政府だけの仕事ではなくなった。祖国を守り、祖国に勝利をもたらすために、市民は軍籍簿に登録された。そして、戦争の本性も変化した。ギベールが、彼自身それまで経験したような戦争とは余りにも異なる恐ろしい抗争を目ざすようになったのは、熱烈な哲学的確信に導かれていたためなのだろうか。あるいはまた、その逆であったのだろうか。このように問うてみるのは無駄なことである。というのも、彼は一方において、戯れならぬ本当の戦争を行なうことと、市民軍をつくることを考えていたのであり、いま一方においては、そのような情勢をもたらすような政治体制を望んでいたからである。これら二つの変化は、不可分に結びついていたのである。ギベールはそれを叙述したが、それが起こる前に死んでしまった。クラウゼヴィッツは、これらの変化が起こったとき、そこに立ち会い、それを分析した。この二人が関心を持っていた現象は同じものであった。前者はこの問題を予見し、情熱をこめてこの問題を記述した。そして後者は、正確さと冷静さとをもってこの問題を扱ったのである。

またしても、現実は想像を上回るものだった。ギベールがもっと永く生きていたら、彼を勇気づけてきたこの愛国心について、彼自身別の意見を持つようにならなかったかどうか、さだかではない。もちろん彼は、牧師であり、憲法議会議員であり、のちに国民公会議員となったジャン－ポォル・ラボォ－サンテチェンヌ(五)が一七九一年に書いているような、とてつもない幻想の持ち主ではなかった。

戦争と呼ばれるこの国民的な狂気の終わる時代がくることを、すべてがわれわれに告げている。すでに、未開人の群れの怒りは弱まり、われわれの戦争は、無知野蛮な民族の行なう戦争ほど執拗なものではなくなった。部隊はそれぞれ、礼儀をもってぶつかり合う。勇者は死闘を始めるまえに、まずたがいに礼をする。賭け事をして遊ぶまえにいっしょに夕食をするように、戦闘を始めるにあたって、敵対する兵士たちはたがいに訪問をかわす。戦闘を行なうのは、もはや国民ではなく、王でもない。それを行なうのは軍隊であり、雇われた人間たちである。それはもはや賭け事の勝負であって、人はそこに置いたもので勝負はするが、一切を賭けるようなことはしない。要するに、かつて戦争は怒りであったが、いまやそれは一つのばかげた行為にすぎない。(43)

とはいえ、徴兵制と恐怖政治を目のあたりにしたこの百科全書学派の一員が、『歴史の教訓』と題する書のなかでヴォルネー(六)が叫んでいるあの反抗と同じ意見であったとしても、それは少しも不思議でない。この書は一八〇〇年に刊行されたが、その内容は一七九五年、師範学校で講義されたものであった。

ユダヤ的狂信主義を脱したわれわれは、文物破壊的ローマ的な狂信主義を押しのけねばならぬ。これはいろいろな政治的名のもとに、宗教界の怒りをわれわれの上に押しつけるものである。国民的憎悪を復活させ、開化せるヨーロッパのなかに蛮族の風習をもちこもうとするこの野蛮な説を押しのけねばならぬ。(44)

これを肯定するにもまた否定するにも、確たる論議はなにもない。彼の著作はあまりに多くの矛盾を含んでいるので、どんな意見をたてたところで、どれも本当らしくはみえない。ともかく人も知るように、えてして革命というものは、それを待ち望んできた者を最もひどく絶望させるものなのである。

第五章　国民戦争の到来

純軍事的見地から見れば、一八世紀はじめに起こったカミザール（一）の反乱は、信念をもって戦う民衆的軍隊というものの可能性について、人の目を開かせることのできるものであった。実のところ、それは〈悪しき戦争〉であった。仕来りを無視した、執拗、無慈悲な戦争であった。たびたび叛徒に打ち破られたあげく、やっと彼らを追いつめたバヴィル（二）は、彼らが殺戮を行なったことを責めはしなかったが、降服することを拒否した彼らを虐殺することに、何の疑問も感じなかった（これは意味深いことである）。彼は軍事大臣のシャミヤール（三）に、つぎのように書き送った。〈注目すべきことに、これらの大罪人のうちには、一人として命乞いをするものがなかった。彼らは、世にもむごいやり方で殺されることをあまんじて受けいれた〉。しかしそこには、国民的な盛り上がりが欠けていた。新教徒の貴族とブルジョワは、あるいは気力なく、あるいは分裂していた。軍事行動の範囲が大きかったにもかかわらず、この作戦は戦争にはならなかった。それは弾圧にすぎなかった。

これとは逆に、一七八九年、すなわち『一般戦術論』が刊行されて一七年後、ルイ一六世が三部会を召集したのがきっかけとなって始まった事態の推移は、逆転することのできないものであった。情勢はまったく変わっていたのである。コルシカ遠征とアメリカ人の反抗という二つの経験をへて、軍隊はいまや一つの確信をもつに至っていた。すなわち、思想家や理論家たちがいま一致して願っているのは、共和制ではないにもせよ、いま不可欠とみられる軍事制度と軍隊慣習の抜本的変革とを確実に行ないうるような体制なのだ、という確信である。貴族が軍隊から大量に離脱することは明らかであるが、もともと彼らは、一年のうち数日しか軍隊にはいなかった。それに反して、軍隊の中心をなし、頭脳をなし骨格をなしていたところの、兵士あがりの将校たちの小集団は、三部会によって要求された諸改革の必要性を明確に意識し、軍隊と国民とがともにそこから引き出しうるいろいろな利点をよく心得ていた。軍隊と国民とは、以来分かちがたく結びつけられてしまったのである。

ここで、決定的また特徴的な選択がなされた。軍隊は王朝権力のもとを離れて、国民議会についたのである。王朝を守って死ぬ者としては、スイス人の傭兵たちしか残らなかった。これより以前、進んだ考えをもつ将校たちは、アメリカに渡って実戦を経験した。彼らは英軍部隊を打ち破るのに協力し、その敗北を目撃した。これを打ち負かした民兵隊や叛徒の群れの多くは、訓練もなく、伝統的な戦術や仕来りを無視し、個々ばらばらに攻撃をしかけ、身をかくして狙撃し、見えず近づけず、しかも殺傷力を発揮した。インディアンから学んだ策略を、彼らは英軍に対して用いたのである。

それは、モラの戦いのくり返しであった。すべて同じことの反復であった。形ばかりを重んずる戦争というものが如何に脆弱なものであるかが、論駁の余地なきまでに証明されたのである。戦争は一つの賭けであって、それに勝つためには規律など無視すればよく、一つの勝負としてこれを行なえばよいのだということが、ここで明らかになった。事実、一八世紀に行なわれた戦略は、フランス革命の時にはもう使われなくなっていた。民主主義の到来は、潜在的には全体戦争の到来であった。なぜなら、共和国は、市民の権利と兵士の義務とのあいだに区別をおかなかったからである。デュボア－クランセ(四)は、一七八九年以来、つぎのように叫んでいた、〈市民はすべて兵士でなければならぬ。そして兵士はすべて市民でなければならぬ〉。

一 市民兵

一七九〇年二月二八日、立憲議会は、軍隊内の職責を売買することを禁じる法律を採択した。これによって、軍隊内のすべての等級と業務に誰でもがつけるようになった。また、裁判なしで降格免職が行なわれることはなくなった。採用試験は時間のかかるものであったので、貴族が軍隊を離脱したあとにできた欠員は、すぐに補充することはできなかった。そこでそれまでの方針を変更し、祖国への忠誠を証す何らかの証明書があれば、準士官になれるようにした。兵員の募集は、志願によるものとした。兵員名簿に名を登録することは、愛国者であり、よき共和主義者であることを意味していた。この二つの言葉は、同義語であった。しかしながら一七九一年には、志願兵の数が所要兵員数を上まわった。そして一七九二年には抽選を行なわなければならなくなり、それ以後は、投票による指名や周旋業者による周旋まで行なわれるようになった。人びとは、太鼓と酒と賞金によって、〈市民をかり立てた〉。志願兵は、だんだんと自発的意志のないものとなっていった。

一七九一年、『革命の精神』のなかでサン・ジュストは、職業的軍隊を廃して徴兵制を実施することを要求した。〈法により俸給を受けているこれらたくさんの人びとを田野に帰さねばならない。……その一方若者は、都会において暇のあるが故に悪をなし歓楽に日をおくるかわりに、前線の軍隊において、成人となる日を迎えるべきである。四年間の兵役を終えて後はじめて市民権が得られるようにすればよい。そのようにすれば、やがて若者はもっと真面目となり、すべての人の心のなかに、愛国心が宿ることとなるであろう(1)〉。

市民としての諸権利の行使と兵役の経験とを、かほどにはっきりと関連づけた例はほかにはあるまい。法のまえでの平等は、兵役義務の平等でもあった。徴兵制という考え方も、国土防衛の必要にせまられて生じたものではなく、共和国を強化するという意志から生まれてきたのであった。そのころ、軍隊は民主主義の学校とされていた。将校は、兵士によって選ばれた。新兵たちの熱意は、軍人としての熱意よりも、祖国を愛する市民としての熱意であった。暴君を打ち、自由を護り、国のために尽くすことこそ問題であった。

多くの場合、兵士たちは、出身都市のいろいろな団体や会と連絡を保っていた。彼らは種々の委員会と交信し、そこから激励を受けていた。たがいに激励し合い、たえず政治への情熱を高めてゆくことができたのは、このような交信連絡の当然の結果であった。一七九三年一月一日、ヌフシャトォ(五)の〈平等と共和国の友の会〉は、同県出身の義勇兵よりなる第一大隊と第一二大隊に対して、つぎのような手紙を書き送った。〈諸君はわれわれの子であり、兄弟であり、友である。諸君の危険はわれわれ自身の危険に他ならない。卑怯なる隊列離脱は、われわれすべての名誉を傷つけるのだ。自由の征途をまっとうせよ。そして、自由確立ののち帰り来たって、正しき共和主義者たちが祖国の兵士に捧げる地位につき、われわれの温かき友情と永遠の感謝の念とを受けられたい〉。一月一五日、マインツから、第一大隊の司令官はつぎのような返事を送った。〈わたくしはヴォージュ[六]第一大隊に、あなたがたの挨拶を読み伝えた。ときにわが大隊は雪中に露営し、敵と対峙していたが、大隊は敵を少しも恐れてはいなかった。よし戦争の危険と疲れとが、時としてわれらの戦友の勇気と気力をゆるがすことがあったとしても、あなたがたの挨拶はそのような弱さを恥じいらせるに足る、力強い感激を兵士に与えた。しかし兵士たちは、自らかえりみて恥ずべき何ものも持ってはいない。いかなる場所においても、彼らはあなたがたの友たるにふさわしく行動した。平和と自由とが確立したとき、はじめて彼らはあなたがたの約した報賞を受けるであろう[2]〉。同じようにして、新兵たちも前線から議会に対して、申し入れや請願を行ない、また代表団をも送っている。重要な出来事があるごとに、部隊はその問題について態度を決め、その意見を発表した。一般に彼らの意見は好戦的で、意志的に急進的であった。ボルドォの兵営にいたコット・ドール[七]第八大隊は、早期和平の提案に反対して、国民公会に対してつぎのように抗議している。〈平和！　否である！　王がこの世にある限り、絶対に平和はない！……何事か！　共和国がまだ確立せぬにもかかわらずはや平和とは！　祖国を護る者たちの流した鮮血が、まだいたる所で湯気をたて、報復を叫んでいるこの時に！　否！　否！　暴君のおごりをこらしたのみでは事はすまない。そこで矛先をゆるめてなろうか。フランス人よ、あなたがたのたてた誓いをいま一度思い起こしてみなければならぬ。王に対して果てしなき戦いを、というあの誓いを(3)〉。法の保護も得られぬ下層民で、藪から棒に登録され、一旦俸給を受けとるや否や、なるべく早く脱走することしか考えなかったむかしの古兵と比べるとき、その違いははなはだしい。〈自由の殉教者〉と呼ばれたこれらの兵士たちは、おのれの権利とおのれの犠牲と、おのれの使命の重大さとを、よく心得ていたのである。強い信念を持ち、公正無私を心がけた彼らは、はた目にも誇らかに、他人の所有物を尊重した。彼らはプロイセンに対しては、一つの弱みをもっていた。というのも、彼らはプロイセンを民主的な国と考え、その王を市民ギヨームと呼んでいたからである。事実、プロイセン軍とのあいだの関係は丁重なものであった。マインツ攻囲のおり、プロイセン軍将校は自分の楽隊に、ラ・マルセィエーズとサ・イラを演奏させた(八)。キルヒハイムボーランデン(九)では、ナッサウ公の劇場の衣裳部屋に入ったフランス遊撃隊の兵士たちが、そこにあった衣裳で仮装していたところをプロイセン軍に攻撃された。フランス兵たちが服を着がえるひまもなかったことを知ったプロイセン軍兵士たちは、道化役者たちに向かって射撃するのをやめ、やがては両軍そろって食卓をかこんだという。

＊

共和主義者たちは、新進気鋭であった。彼らは何よりも数が多かった。大衆動員と徴兵制とによって動員できる兵員の数は、事実上際限が知れなかった。旧来の小兵力の軍隊と比べると、その兵力は比較にならなかった。シャロン[一〇]に集結した大兵力は、連合軍をして奇蹟かと疑わしめた。ジュマップ[一一]において勝敗を決したのは数であった。ホンツホーテ[一二]においてフランス軍は、イギリスとハノーヴァーとの連合軍の四倍の兵力を持っていた。ワティニー[一三]において、フランス軍右翼の兵員数は二万四千を数えたが、これは相手のオーストリア軍全部よりもまだ多かった。マレ・デュ・パン[一四]は書いている。〈この騒然とのしかかってくるような途方もない大集団に対しては、如何なる戦術も役にはたたなかった〉。

一七九三年二月、デュボァークランセの軍団混成方式により、旧王朝軍と志願兵部隊との融合がとり決められた。この提案はサン・ジュストにより支持された。将校は部隊の兵士たちが選挙するという原則も、軍団長を除き行なわれることが決まった。〈勝利を得るために必要なものは、兵員の数と規律だけではない。共和制の精神が軍隊内に広まってこそ、勝利を得ることができるのだ[4]〉。

この融合は、喜びの雰囲気のなかで行なわれた。人びとは〈盟約の酒〉を汲み、友愛の誓いをかわした。国民公会時代の末には、この種の部隊は二九五個連隊を数えるまでになった。各連隊は、旧王朝軍一個大隊と志願兵二個大隊とからなっていた。右のような大部隊は、単にそれまで用いられたことがないというだけでなく、当時としては考え及ばぬほどのものだったのである、王朝軍と志願兵部隊との融合が行なわれてから数ヵ月後、一七九三年八月一〇日の革命蜂起記念日に、各県の議会代表が国民公会に対して、請願という形で大衆動員を要求した。〈全人類に対して偉大な範例を示し、暴君に対して痛烈なる教訓を与えなければならない〉。この法令は、八月二三日に採択された。これによって、全国民を動員することが制度化された。〈このとき以来、共和国の領土からすべての敵が駆逐される時まで、すべてのフランス人は何らかの軍役に召集されることになった。若者は戦闘におもむき、既婚の男は武器を造り糧食を運び、女は天幕や衣服を縫い病院に働き、老いたる者は広場にゆき、兵士を励まし王に対する敵愾心を燃えたたせ、共和国が打って一丸となるよう力説した〉。

生産についての配慮も、忘れられてはいなかった。すべての製靴業者は三ヵ月のあいだ、一〇日に三足の割で靴を補給廠におさめるよう義務づけられていた。これらの靴は先が角ばっていて、一般人が密売業者からこれを買ってもすぐわかるようになっていた。

二　戦争の激化

いうまでもなく、新しくつくられたこれらの軍隊は騒々しい烏合の衆のようなものだった。訓練はほとんどあるいは全然ゆきとどかず、装備は悪く、上官への服従も、兵士が自分の意志で従っているだけであるため、気まぐれに取り消されることもあった。命令への服従は、受動的なものではなく、兵士が自分の意志で自分からすることなのであった。それ故刈り入れの時期ともなれば、最も熱烈な愛国者でも、自分の農場に帰るのがあたりまえだと思っていた。退職と休暇は数多く行なわれた。はじめのうちは、人びとは一つの戦役に限って従軍し、そのあとは、志願兵である以上、祖国に充分奉仕したと思ったときいつでも自由にやめられるのだ、と考えていた。

王は、これらの小臣民に対して兵役に服するよう要求できるなどとは、考えてもみなかったことであろう。それを考えあわせるとき、志願兵のこのような態度は、別に驚くにはあたらない。共和国とてはじめのうちは、そのような法外な命令ができるとは考えもしなかった。徴兵制度の源は、市民の熱意にあったのである。同様にして兵士の品行も、一朝にして変えられるものではなかった。もちろん掠奪は罰せられたが、兵士の身分を使って行なうゆすりは広く行なわれ、〈サーベルを喉もとに突きつけて〉徴発を行なったような例もあった。それが国民全体を危機より救うためであったことも事実である。ともかく、共和国のかかげる徳は非のうちどころなきものであったとしても、この徳という言葉の裏では、時として醜い欲望が横行した。一七九五年五月シュパイエルにおいて、ダヴー(一五)は、〈いくつかの村で、下賤な欲望を満足させるために、女たちが連れられてゆく〉のを見て、怒りを感ぜずにはいられなかった。

*

将軍たちが無経験であったこと、またたくさんの兵士に規律と訓練が欠如していたことは、結局は利点をもたらすものとなった。それによって、機動性のある攻撃的な戦略が生まれ、定式的な陣形を撹乱することができた。狙撃兵と遊撃兵の活躍(一六)は、規則によって自発的動作ができなくなった機械人形のような敵兵たちをまごつかせた。コーブルグはまったく攻撃をしかけようとせず、静かに戦争をしようとし、認められた仕来りを守り、兵員が五百人足りないとたえず申し立てていた。ウルムセル(一七)やブラウンシュヴァイクは、知的ではあるが無益な分列行進を行なうばかりだった。ブラウンシュヴァイクは、以前アインベックにおいて行なったように、ヴァルミー(一八)においては一戦もまじえることなく、単なる心的印象に従って退却した。このような敵軍を前にして共和国の将軍たちは、創意と積極性を発揮した。この創意と積極性とが、彼らに勝利をもたらしたのである。

ところで、カルノォの示した方針は断固たるものだった。それは一字一句、アンシャン・レジームの大臣たちの下した方針と違っていた。〈一般的な規則は、集団で、攻勢に立って行動するということである。あらゆる機会をとらえて、白兵戦を行なう。大規模な戦闘をしかけ、敵を完全に壊滅させるまで追撃する〉。サン・ジュストも、これに劣らず好戦的であった。彼にとっては、〈純粋な祖国愛が自由の基礎であった〉。モーゼル(一九)の軍団を指揮していたジュルダン(二〇)に対して、共和暦二年九月二六日（一七九四年六月一四日）、〈怒りに燃えて〉〈休むことなく〉敵を攻撃するよう、彼は命令した。〈自由の戦いは、怒りに燃えて行なわなければならない〉からである。代表として派遣された彼は、部隊の士気のよしあしは将校にかかっているとして、革命暦二年九月二九日（一七九四年六月一七日）クレベール(二一)の報告にもとづいて、ヴィエンヌ(二二)第二大隊の指揮官たちを告発することにした。〈一つの部隊が戦闘部署を離脱した場合、その原因は将校の怯懦にあり、将校が軍規を維持する務めをおこたったためである。また、自己の指揮下の兵士たちをして栄光を重んずるよう教育する努めを、ないがしろにしたためである。栄光を重んずるとは、戦場において危険をあえてし、祖国が兵士に託した部署に死ぬことにほかならない〉。

この処置は正当なものではなかったろうか。〈暴君に対する憎しみと勇気とがすべてのフランス人の心のなかに生きてゆく(5)〉よう力を尽くしていた時代において、このような処置は理にかなった唯一のものではなかったろうか。このような条件においては、戦争は執拗なものとならざるを得ない。その変化は急速であった。ヴァルミーの戦いは、まだ旧形式のものだった。しばらく砲撃をかわした後、平民たちの軍隊が一向にひるむ様子もないのを見たブラウンシュヴァイクは、それ以上あえて攻撃することをやめて、退却するのが当然だと考えた。デュムーリエ[二三]もそれを追撃しようとはしなかった。ところがそれから一年後の一七九三年、ウシャール[二四]は革命法廷に引きすえられた。そして、ホンツホーテでの勝利の後すぐに敵を追撃しなかったことを理由に、彼はギロチンにかけられたのである。それ以来、敵に対して仮借なき戦いをせぬ者は、任務をおこたる者、味方を裏切る者とされるようになった。当初の友愛の精神は、たちまちむかし語りとなってしまった。極端な場合には、凶暴な戦いも行なわれた。革命暦二年九月に出されたある政令は、イギリス軍あるいはハノーヴァー軍の兵を捕虜とすることを禁じていた。つまり、降伏する敵兵はみな殺してしまうよう命じていたのである。革命を名誉あるものとするために、国家公安委員会の指示により、この政令を実際に行なうことは阻止された。この現象は、一五世紀スイスの軍隊にあって共和国軍隊になかった最後の一つの特徴である。それは、民主主義国の行なう戦争の一つの宿命のようなものとして存在していた。

三　戦争と民主主義

マスケット銃が刀剣を打ち破った。歩兵が騎兵にとってかわり、平等が特権にとってかわった。フランス革命は、普通選挙と義務兵役制を打ちたてた。しかし、進歩によって獲得されたあらゆる成果には、その裏があった。獲得された一切の権利とすべての自由は、複雑な、そして強力な組織をその前提としていたのである。徴兵制はその一面にすぎなかった。徴兵制はただ一つのことを意味していた。すなわち、市民たる者は、国民が政府に参加しているのと同様に、以後国防にも参加するようになるのだ、ということである。これはフェレロ(二五)が奇しくも指摘していることであるが、民主主義のいろいろな長所のうちには、束縛をともなわぬものは一つとしてない。国家の野心が如何なるものかに応じて、その束縛がゆるやかであったり、きびしかったりするだけに過ぎない。国家が自分の計画を妨げられることを好まず、あらゆるものを犠牲にしてもその計画を成功させようとするのであれば、その国家が与えるもの、その国家が国民に行なうところのことは、圧迫の手段となり、国民を隷属させるための道具となる。普通の場合であってさえすでに、学校において、職業において、自己の財産を守るために、また軍隊において、市民は国家の束縛をのがれることができない。市民は、子供としては教員から物ごとを教えこまれ、労働者となっては企業主に搾取され、機械化された労働の奴隷とされ、納税者としては国庫に収入の一部をさし出さねばならず、徴兵されては古参兵からいじめられる(6)。

民主主義は、戦争そのもののため、また戦争の準備のために、国民の一人びとりにたいして金と労働と血とを要求する。一握りの専門化した職業的な戦闘員が技と勇気を競い、勝てばたたえられ、負ければ誉を失い、時どき小規模の戦いを行なうだけで、血もほとんど流さない、といった戦争はもうなくなったのである。それ以後戦争は、国家にとっての一つの全体的活動となってしまった。国民全体、国の資源全体、国のエネルギー全体が、戦争のためにいつでも動員できるようになってしまった。

このような変化が、当時の人びとを驚かさぬはずはなかった。動かし難いこの変化を前にして、ある者はノスタルジアをいだき、ある者は恐れをいだいた。ジョゼフ・ド・メーストルは、貴族的な戦争の仕方のなくなったことを惜しみ、現実を苦々しく思った。〈もちろん、人びとは殺しあい、家を焼き、国を荒らし、いってみれば、幾千とも知れぬ無益な罪をも犯してきた。けれども、戦争は五月に始め十二月には終えるものとされていた。兵士たちは天幕の下で眠ることになっていたからである。そして、兵士と兵士だけが戦ったのである。いくつもの国民が全部戦争にまきこまれるということは、まったくなかった。戦火という災厄のくり広げる数々のいたましい情景のなかにおいて、すべての弱きものは聖なるものであった〉。このアンシャン・レジームの人間がまず驚いたことは、彼のいうところによると、如何なる王朝も思い及ばなかったような要求を、共和国が民衆に対して敢えて行なったことであった。それは真実であった。そして、まさにこのことが、新制度との対比における旧秩序の癒し難い弱さを示していた。ところでこの亡命者は、奇しくも革命家であるラボ・サンテチェンヌを思い起こさせるような言葉で、語りつづけている。〈ある国民が他のある国民を打ち負かすということは、まったくなかった。ある州の、ある都市の、また多くの場合わずか数ヵ村の主がかわれば、苛烈な戦争もそれで終わりであった。打ち物の響き騒然たる戦の庭においても、相互的尊敬と高度な礼節とをみることができた。空を切って飛ぶ砲弾も、王宮を壊すためのものではなかった。戦いのあいまあいまには、ダンスや見世物なども催された。このような催しに招かれてやってきた敵軍の将校は、翌日行なわれるはずの戦いについて、笑いながら話をした。恐ろしい流血の混戦のただなかにあっても、まさに死なんとする者の耳には、慈悲の言葉と敬意の言葉が捧げられたのである〉(7)。

奇妙な幻想をいだいていたシャトォブリアンは、過去にもどる以外に救いはないと考えた。〈フランスを戦争に導くことにより、人びとは、ヨーロッパに進むことを教えた。もはや問題は、その手段を増大してゆくことでしかなかった。大軍と大軍が拮抗した……テュレンスはボナパルトと同様、よく事を心得ていた。しかし、彼は絶対的な主ではなく、四千万という大軍を動かしたこともなかった。おそかれ早かれ、モロォ(二六)が行なったような戦争にたち戻らなければならぬであろう。人民を巻きこむことなく、少数の兵だけが任務として行なうような戦争に、戻らねばなるまい。時をかけても、人命を粗末に扱わぬ忍耐づよい操兵と要塞とによって国を護り、退却する方法を心得た戦争に戻らねばなるまい。ナポレオンの行なったあの巨大な戦闘は、栄光以上のものであった。見わたしきれぬほどの殺戮の原野は、結局、その惨状にみあうような成果を、何一つとしてもたらさなかった。不意に起こった戦闘はともかく、ヨーロッパはもう戦闘そのものに飽きあきしている。ナポレオンは、戦闘を巨大化することにより、戦争を殺してしまったのである〉(8)。軍人たちはもっとよく物を見ていた。ジョミニ(二七)は逆に、これからはヴアンダル族やダッタン人、フン族の行なったような過激な戦争に戻るのだ、と予言した。彼は誤っていた。そこで復活されたのは蛮族の侵入ではなく、国民全体が武装することであった。すなわち、都市組織と軍隊が表裏一体となったローマだったのである。市民一人びとりが兵士であり、政治組織が軍事組織に追従し、それと表裏一体をなすローマだった。しかし彼は正しい予見もしており、つぎのように書いている。〈戦争は血なまぐさい闘争となっていった。いかなる法にも拘束されず、同等の武力をもち、想像を絶するほどに強力な、大軍対大軍の抗争となっていった〉[9]。

この新しい種類の闘争について理論をたてるには、カルル・フォン・クラウゼヴィッツを待たねばならなかった。〈古い型の戦争においては、現存する常備軍同士のあいだの関係に応じて、すべてが計算されていた〉[10]。彼はまた、諸原則のなかでも最も重要なものとして、せり上げの原則をあげている。これは交戦当事者としてのがれられぬものであって、最初の争いのもとがいかに限られたものであっても、やがては持てる資財全部を投入し、力の限り争わざるを得なくなる、というものである。いまや、可能的なものすべてが、不可避なものとなってしまった。大量破壊を可能ならしめたものは、まさに、科学と工業の進歩であった。より大規模により速かに、より遠くから、戦闘者の危険がより少なくなるような方法で、戦争が行なわれるようになる。その結果、まず何よりも、機械の強さと生産の能力とが、勝利の鍵となった。

集団的諸力をもってするこの競技は、生産と輸送と破壊の営みである。そしてこの競技においては、いわゆる戦闘、すなわち白兵戦は、小さな役割しかもっていない。戦闘員の個人的な資質は、火器の射程に比べてほとんど問題にならない。シチリアから運ばれてきた弓矢を見たスパルタ人アルキダモス(三八)は、このことを予見して、〈ああヘラクレスよ。勇気はもはや役には立たぬ〉、と叫んだ。機関銃、長距離爆撃機、原子爆弾等の出現に先だって、弓にまさるマスケット銃が現われ、弓弦の張力にまさる火薬の爆発が用いられるようになった。ハインリッヒ・フォン・ビュロウは、一七九九年、このスパルタ人の嘆きと同じ嘆きを、つぎのように書いている。〈いまや歩兵は射撃のみをこととし、弾丸の射程がすべてを決めている。戦士の肉体的精神的資質は、もはやまったく考慮のうちにはいらなくなってしまった〉。貴族の戦争は、勇気と正々堂々たる戦いによりすぐれたものが勝つ、という理想のうえにたてられていた。このような戦争は宿命的に消滅すべきものであったが、これを存続させようとするかたくなな努力は、首尾よくその消滅を数世紀おくらせることができた。これが永く存続できたということは、不思議なことであると同時に、またそこから生まれた特殊な戦争観に由来する、ある逆説をも含んでいた。とはいえ歴史の流れに棹さすことは、所詮不可能なことだった。マスケット銃が、歩兵が、そしてついには民主主義が、勝ちをしめたのである。

不可逆的なことの流れを嘆いたとて、それは詮なきことである。そればかりではない。その流れはいまも続いている。現在の戦争の諸形態が成立するまでには、多くのものが民主主義からとり入れられた。ところがいまや戦争の諸形態そのものが、かえって民主主義を指導し、そのとるべき道、習うべき範例を示している。そして現在、一つの新しい局面が成立した。すなわち、自由民主主義から全体主義的民主主義への移行がそれである。わたくしがこれまで分析しようと試みたところのことは、普通選挙が王の恣意的決断にとってかわり、法律が特権にとってかわってゆく変革のなかにおいて、技術、社会制度、軍事行動、軍隊に特有の諸問題とその解決、戦争の実態、戦争の行ない方、といったものが、如何なる役割を果たすか、ということであった。ところでいまわたくしには、軍隊をモデルとしてそれに倣うような形でつくり上げられた国家の起源と生成とが、この分析を応用することにより、説明できるように思われるのだ。この種の国家においては、人びとはもはや何も所有しない。衣食はすべての人に保障されているが、それも人それぞれの職能と階層に応じてのことである。公的権力は自由な活動や意見の不一致を許さず、文句をいわずにためらわず服従することが美徳とされる。動員態勢は恒常的に存在し、すべての人に及び、絶対的な平等はあるが、規律は峻厳である。そこでは信賞必罰は正しく行なわれ、功績にたいしてはあらゆるものが与えられ、何人といえども最高の職責につくことが可能とされている。これはあたかも、市民の公的活動と私生活とが、二つながら、突然軍隊の厳格な規則のもとにおかれたようなものである。

軍隊が国民を抑え、国民の生活を軍隊的にねじ曲げてしまった、というのではない。話は逆である。過去における苦しい戦争の体験は、国民の心のなかに深く深く刻みこまれた。それ故いまや国民は、軍隊が実績として示している驚くべき方式に従って、自ら進んで自らを、全面的に改造しようとしているのである。このような全面的な転換は、歴史上にほとんど例をみないもの、といわなければならない。はじめ軍隊は、社会の一部をなしているといい得るようなものではなかった。軍隊は、法とはまったく無関係なものであった。というのも、将校たちは、貴族である以上その特権によって一般人の上におかれており、兵士たちはまた兵士たちで、市民としての身分のない下賤なものだったからである。やがて軍隊は、国民の一部となる。軍隊は国民のある一面を代表し、一つの機能を果たすようになり、場合場合に応じて防衛なり遠征なりを行なった。今日この関係は時どき逆転されてしまっている。国民を軍隊の一時的過渡的な形態としようとするのが、現在の趨勢である。国民が軍隊と異なる点はもはや、国民のほうが不完全で、統一性と組織度が薄く、何か無定形できびしさに欠ける、というところにしかない。

国民は、軍隊の薄められた状態にすぎない。また言語学的ないい方をかりれば、低度の軍隊といってもよい。とはいえ、一旦戦争が起これば、低度から最高度への移行はたちまち完了する。この移行が容易にまた迅速に行なわれ得るよう、すべてがそれを予見し、その準備をし、すべてがそのために工夫され実行されていたのである。

核ミサイルや熱核爆弾のような大規模破壊が突然出現し、それによって戦闘員よりも技術者のほうが重要視されるようになり、戦闘部隊よりも、よりよい設備のある研究所や、抽象的な科学のほうが重視されるようになったのだとしたら、事態はまさに絶望的であったに相違ない。確かにこの最終的な結果だけからみると、現在のこの危機は、むかしのそれよりずっと根源的なものである。しかし人生の常道とでもいおうか、人間がこれまでたどってきた道程で許されていた自由や希望よりもずっと大きな希望と自由とが、人間には与えられているらしい。そこで次章においては、この人間のたどった道程の最終的段階について、述べてゆくことにする。

第六章　ジャン・ジョレスと社会主義的軍隊の理念

一七七二年、ギベールは兵士に対して、市民としての意識を与えようと試みた。一七八九年に至って、歴史は彼の願いを叶えた。武装した国民というものが、そこに誕生した。しかしながら、その後一世紀半にわたり、すくなくとも平和時においては、軍隊はまだ国民のなかに解けこんでいたわけではなかった。軍の幹部たちは名誉と威厳をもった一つの集団を構成し、一般市民とは対立し、市民のなかにありながら市民とはちがった生活をしていた。このカーストには、独自の法が、原則が、価値観が、偏見が、また傲慢があった。軍隊の指揮権は貴族の独占ではなくなったが、職業的将校の補充は、ほとんどの場合貴族から行なわれていた。王に奉仕する軍務はなくなったが、職業としての軍務は残った。それ故に、祖国の防衛にあたりながら、しかも国民が選んだ国家体制の何たるかを知らぬという、奇妙なことが可能であった。また、国民の選んだ体制について、あからさまに侮蔑的な非難の意見をはいたとしても、とがめられることもなかった。

しかも、将校の生活は自分の部隊と結びつけられており、部隊はしばしばその宿営地をかえた。そのため将校の生活は遊牧民の生活のようなものとなり、地域の生活に根ざすことができず、それがかえって彼らを、軍隊内の管理組織にのみ結びつける結果となった。将校はその権能を盲目的にまた機械的に行使するだけで、自己の自由意志を働かすことをわざと放棄した。政治というものが変転定まらぬものである以上、政治を越えたさらに上の何物かに不動の忠誠を捧げるなど理想にすぎない、と考えたからである。批判的精神や時事問題についての考察はいうもおろか、純軍事的問題について考えることさえも、きびしく批判された。功績を立てることよりも、軍規を守ることが大事であった。兵士としての第一の徳は、理由など考えることなく服従することであった。理由を考えるなどということは、反逆の第一歩とみなされた。

たしかに、隊長は特権的な存在ではなくなり、貴族の生まれということだけがその資格とされることもなくなった。しかし隊長という階級は隊長に対し、少なからぬ絶対的権力を賦与していた。その権力が非常に強いものであったので、隊長は人格的存在とはみられぬほどであった。隊長の権力は、隊長の持っている価値やその先祖に由来するというよりは、むしろ彼の階級章によるものだった。隊長の名前や個性は問題とはならなかった。彼はただ、ある一つの位階制の中で決められた地位を占めていただけであって、この位階制が軍事権力そのものを意味していた。そしてこの地位は、隊長の条件であると同時に誇りでもあった。将校は、上官に対して服従し敬意を払い、その一方、部下に対してはこの同じ服従と敬意とを要求した。ともかく将校は自らを、野卑な新兵たちとはまったく違ったものと思っていた。将校は兵士たちに対して、どこでもよいどこかの兵営の営庭で演習を行なうよう命令し、一年あるいは二年にわたる土まみれの勤務が終われば、彼らをそれぞれの家庭に帰らせた。そして、家庭の生活など価値なきもの、と考えていた。これで果たして将校が、兵士たちを、〈人的用具〉と考えていなかったといえるだろうか。

それればかりではない。一八七〇年と一九一四年、フランスとドイツとのあいだで二回の戦争が行なわれたが、この二つの戦争のあいだに位する半世紀は、ヨーロッパが比較的おだやかな平和を享受した時代であった。しかしこの時代において軍隊は、おもにストライキ鎮圧のために使われたのである。それは、最も単純な形の秩序を保つため、最も悪辣な意味での秩序を保つため、つまり街の平静を保つために用いられた。軍隊はこのような争議をけしからぬもの、下らぬものと頭から決めてかかり、これに加担することを固くいましめていた。軍隊というものが命令のままに動くものであるだけに、それは弾圧の道具であった。軍隊は、政府の下した命令について論議するものではない。

このようにして、徴兵制の施行とあい前後してほとんどヨーロッパの全土にわたり、カースト的な気風が生まれた。一方において、職業的将校が常備軍を構成し、再役兵をその指揮下においた。この再役兵の大部分は、ものの役にもたたぬような貧乏人であった。これらの兵士たちにとって、軍隊は生存の理由となり、その俸給は生存の唯一の手段であった。階級が高くなるに従って、将校たちは政治家におもねるようになったが、それは彼らの昇進が、まず何といっても政治家の引き立て次第であったからである。他方には、多数の市民からなる予備軍があった。彼らは、兵役をすませたところの、農民であり、労働者であり、商人であり、知識人であった。教えこまれた教練と反射運動とを忘れないようにするため、彼らは短期間の再召集を受けた。彼らはいわゆる軍隊に対して、断続的なそしていやいやながらの関係しか持っていなかった。不信の念と不愉快な空気とが、至るところに充満していた。

軍隊は、勲功をたてれば昇進できるような組織となった。権利上では、勲功だけが不平等の要素であった。ある意味において軍隊というものは、妥協と弱さを認めぬ、一種の純粋な民主主義であるとも考えられる。金と陰謀と情実の支配する市民社会のなかにはっきりと認められるところの、腐りきった、しかも偽善によって讃えられている諸原則を追放した、と自負することもうなずける。しかし同時にそれは、一種の寄生的階級であり、国庫によって養われ、祖国の国境を外敵の侵入から効果的に守るためよりは、むしろ、既成の不義を維持するためのものとして現われたのである。

一　人民の軍隊

第一次世界大戦の前夜、イポリット・ド・ギベールと同様に、慧眼で、しかも寛大な心を持つ一人の改革者を怒らせたのは、まさに、さきに述べたような情況であった。その改革者とは、フランス社会党党首ジャン・ジョレスである。この情況を改善するために、彼は議会に対して、軍隊の構成に関する一つの法案を提出した。この法案は可決されはしなかったが、〈一九一〇年一一月一四日審議議事録付録〉と題する内容豊かな資料とともに、議会から刊行された。この付録は、約六〇〇頁にも及ぶ長文であって、理論的また歴史的研究以外の何ものでもなかった。これはまた、〈新しい軍隊〉という題をもって、大衆版としても刊行された。ジョレスは一九一四年暗殺されたが、彼は『ユマニテ』誌の創刊者でもあった。この新聞は一九一五年、同じ題名のもとにこの付録を再刊した。この両版とも、〈フランスの社会主義的再構成〉と題するより重要な著作の抜粋として、この論文をのせている。

この論文の大部分は、フランス革命によって創設された軍隊の歴史にあてられている。この論文は非常にすぐれたものであって、資料の調査もよくゆきとどき、独創的な見解を多く含んでいたが、この論文が提起する法案とこの論文自体とのあいだにどんなつながりがあるかという点については、人びとはあまり注意を払わなかった。ジョレス自身が意図したことは、いうまでもなく、人民軍の価値を明らかに示すことであった。とはいえ、彼が議会で採択するよう希望したところの立法案は、熱にうかされ物の度合いを忘れた思いつきのものではなかった。彼はこの点をよく心得ていて、その長所短所についてくわしく述べている。また彼は、スイス民兵隊が彼の目ざすところに非常に近い範例を示している、と考えた。そのため彼は頻繁にこの例を引証している。

まず彼は、軍隊と民主主義とのあいだには、いささかの矛盾もあってはならないとした。というよりむしろ、彼にとって軍隊というものは、社会的平等をもっとも効果的に実現するところの道具であった。

〈富める者も貧しい者も、企業主も労働者も、最も洗練された知識人も市井の最も無知なる者も、みな同一の義務に服し、兵士として同じ生活をし、同じ重荷を背負う。あらゆる職業が、あらゆる階級が、すべて同一の法の下、同一の規律の下に混ぜ合わされ、同一の任務、同一の犠牲、同一の危険の下におかれる……〉(1)

軍隊が国民を高度にあらわしているというのも、そのためである。そして、法により正当化された全体の意志が権力を威厳あるものとするのと同じように、軍隊と国民の結びつきが固ければ固いほど、軍隊はより大きな威光と戦力とを持つのである。いいかえれば、軍隊と国民とが一体であったらなおさらよいのである。近代的軍隊の発想とその源は、民主主義と革命から発している。軍隊はこの新しい社会の本質をあらわし、この新しい社会がつづく限り存続する。

こうしてみると、現役軍と予備軍という区別を用いて、軍隊と国民とを区別しようとしても無駄である。民主主義の軍隊は、平和を求め、防衛をもっぱらとし、しかも強力なものでなければならない。軍隊というものが、長くて無役で金のかかる兵役期間中、兵営のなかに集められて他から隔離されたところの、機械人形の集まりにすぎぬとしたら、これほど軍隊としての本務にはずれたことはない。こうジョレスは考えた。彼がよしとしたのは、五、六ヵ月の訓練期間の後、この訓練の成果を保存しさらに高めてゆくための、何回かの短期訓練期間をもうける、という方法であった。現役軍が市民兵士の大衆のなかに吸収され、軍隊と人民とが本当に一体となるよう、彼は願っていた。ドイツ国民の意志の自然な発露としての国家社会党の突撃隊と、職業的軍隊である国防軍とが衝突し、これについて決断を下さねばならなくなった時ヒトラーが望んだところのものは、まさにそれであった。

ジョレスはこうして、戦争を古い型に戻そうとするジルベール(二)大尉のような理論家たちと、闘わねばならなかった。古い型の戦争では、〈国民総武装のための数かずの新機軸は、すべて〉排除されてしまっていた。古い方式に戻ろうとする意図のうちには、民主主義と人民に対する強い不信感がある、とジョレスは非難した。職業的軍隊を重視し、攻撃戦を重んずることは、彼にとって、災害をもたらす戦略と思われた。なぜならこの戦略は、動員可能な国民の総力が厖大なものであることを無視しているからである。一方、民兵組織というものは何よりもまず国土防衛のためのものであって、同時に平和の精神をはぐくみ、ひいては兵士たちの自尊心をつちかうものである。兵士の自尊心はこの改革者にとって、不可欠のものと思われた。〈民兵隊がよくその機能を発揮し得るためには、市民がいつも旺盛な軍人精神〉を保持していなければならない。そのためには、兵士の自尊心が不可欠である。戦力が目ざすところの目標についていささかの疑念でもあれば、それは兵士の士気を麻痺させることになる。士気というものは、それが平和と正義とに奉仕することを知るときにのみ、本当に旺盛になるのだ、とジョレスは考えた(2)。

　ここでジョレスはその理想主義のゆえに、彼自身の理論の含む諸原則とは奇妙に矛盾する立場におかれた。彼がフォッシュに対して行なった反論がそれである。そこでは、予想される両者の立場が、まったく逆になってしまっている。つまり、経済的要因に過度の重要性を認めているとして、社会主義の思想家が軍人を非難しているのである。もちろんジョレスは、フォッシュが戦争を市場獲得のための争いとみていたことを、高く評価していた。けれども彼は、フォッシュの考え方はあまりに重商主義的であって、そのために彼は問題の複雑さを理解できなくなっている、と非難している。のち元帥にまで昇進するフォッシュは、ナポレオンとイギリスとの抗争の底にあるものを、商業的独占を確保しようとする競争であるとしていた。〈しかしながら、この戦争に、このような動機しかなかったのだとしたら、果たしてこの戦争はイギリス人の心を、かくも広くかくも強くとらえることができたであろうか〉、とジョレスはいう。イギリス人たちは明らかに、ナポレオン帝国によって脅かされた自分たちの国の、〈誇りと、自由と、独立〉のために戦ったのである。

日露戦争とても同様である。そこに経済的諸要素の働いていたことは否めない。しかし、〈黄色人種の自尊心〉も無視してはならない。そこには、利益よりも神秘的思想のほうが大きな役割を果たしていたのであり、〈犠牲の精神によりささえられた、宗教的な、凝縮された、深い魂(3)〉の発露があった。フォッシュは誤っていた。戦争の激しさは、経済的理由に由来するものではない。市場と市場とのあいだに生じた抗争が数かずの抵抗を生み、それが交戦国の内部で内戦にまで発展することもあろう。国民的戦争が経済的な根を持ちうる場合は、ただ一つある。それは、偉大な社会改革をなしとげた民族が、〈革命の波及を恐れ、やがて全世界を巻き込むかもしれないその焰を火元において消しとめようとする、寡頭政権力によって襲われた場合である(4)〉。

このような条件においては、市民兵の士気ばかり重視するのも適当でない。ともあれ市民兵たるものは、自分たちの防衛するものが、自分の祖国であり、自分の自由であり、自分の俸給であり、この国土であり、この生活水準であることを疑ってはならない。軍隊と国民とが一体となることが肝要だというのも、そのためである。それゆえジョレスは、彼の唱える改革のための欠くべからざる基礎として、市民大衆を地域単位で組織することを提唱した。混成部隊の構成員をたえず更迭してゆくことにより市民生活と軍隊生活を極度に切り離してしまうのではなく、この両者をたがいに近づけようとしたのである。

新兵は六ヵ月にわたり、訓練を受ける。[5] これにつづく現役の一三年間、すなわち二〇歳から三四歳までのあいだ、市民は一人びとり召集され、それぞれ一〇日から二一日にわたる演習、行進、射撃の訓練を受ける。三四歳から四〇歳までのあいだは予備役に入り、四〇歳から四五歳までは国民軍[二]に編入される。すべての階級が、絶対的に平等な立場にたって、新軍を構成するために協力する。スイスの軍隊にはまだまだ収入による差別があった、とジョレスは考えていた。というのも騎兵の将校は、自分の乗馬を自弁で維持しなければならなかったからである。貧しい者は、このような軍隊には入ることができなかった。そのためにこのような軍隊は、〈ブルジョワ的な虚栄のつよい、寡頭支配の様相〉[6]を呈するようになった。この雄弁な理論家がひどく恐れていたものは、馬に乗った貴族、と彼が呼んでいるところのものであった。いかなることがあろうとも、軍隊は、国民から遊離したカーストのようなものであってはならない。労働者たちの正当な要求行動を弾圧するような、保守権力の道具であってはならないことは、いうまでもない。一方プロレタリアに対しては、軍務が尊いものであることを、知らしめなければならない。また、将校となる途も、彼らに開いておかなければならない。将校たちは、労働組合組織の醵金によって教育されるべきである。教育は閉鎖的な学校で行なわれるべきではなく、未来の将校たちは大学において、他の学生たちに混じって教育を受けるべきだ、というのである。[7]

地域単位で新兵募集を行なえば、住民とのつながりも保たれるに相違ない。兵役期間や研修期間の終わりには、地方自治体の発意により、体育祭などの催しを行なう。ここには、他の地域団体や射撃クラブも参加する。ジョレスは先行するある章においてカルノォの演説を引証しているが、この演説の最も特徴的な部分を引用することを忘れなかった。

〈……多くの県で、毎年野営訓練を行なう。その際、豪華な騎乗試合や騎馬パレードなどを含む、種々の催し物が行なわれる。公開試験で軍事知識にすぐれていることを認められた者や、この試合に勝った者には立派な賞が贈られる。この賞は、兜や、槍や馬などとする。将軍や軍団長は、これらの賞をいくつか受けた者のなかから選ばれる。賞を得たものは、栄誉につつまれて、来たるべき年には、さらに輝かしい成功をもって自分の名を知らしめようと、意気軒昂として退場する。これらの競技は、かつての騎士道時代の、稚拙でしかも無気力なものとは異なり、すべての市民が分け隔てなく参加し、全フランスの青年たちの心をわき立たせるものとなろう。貪欲さ、陰険さといったような、奴隷性を生むところの劣悪な根性は、この武術競技への熱中によって払拭されることとなろう〉(8)。

二 全体主義への趨向

社会党党首の提出したこの法案によれば、将校の昇進は、連隊委員会と師団委員会の推薦によって行なわるべきだ、とされていた。これらの委員会には、すべての階級の代表者がおり、全軍の兵士から普通選挙で選ばれた〈軍事教育委員会〉の代表も、そこに参加することになっていた。この法案の末尾のいくつかの条項には、防衛のためでない戦争はすべて不正な戦争である、と宣言されている。またこれらの条項では、対外紛争のあった場合に調停を行なうことを義務づけ、もし政府がこの調停を拒否あるいは回避しようとする時は、政府は〈祖国と人類の敵[9]〉となるのであって、革命を行なわねばならぬ、としている。そしてフランスは、ハーグの国際司法裁判所を認めているすべての国と、ただちに調停に関する条約の検討に入るべきである、とされていた[10]。

このようにして、この社会主義の理論家が夢みたように、軍隊が民主化され強化され、国民と一体となり、世界の平和につくすようになるための、すべての条件が準備される。こうなってくれば当然、新しい軍人精神が生まれ、兵役に先立って一〇歳から二〇歳までのあいだに受ける準備教育時間において、教員と軍人と軍事教育委員会とが、青年にも子供にもこの軍人精神を教え、ひいては、兵役期間も短縮することが可能となる。これが実現されたあかつきには、〈全フランスの青年たちと子供たちは、最も盛大な催しに赴くかのように、また最も楽しいスポーツ練習にでもゆくかのように、召集に応じて兵役訓練に参集することとなろう[11]〉。ジョレスは、現実がこのような理想からまだ遠いものであることを、かくしはしなかった。とはいえ彼は、この理想を信じていた。

すべての市民が新しい意識をもち、義務兵役の必要性と美しさを理解するとき、フランスにおいて必ずや、このような習慣ができあがるに相違ない。それは、カースト的階級的偏見から来る一切のけがれを払拭し、侵略的野心から由来する一切の暴力と絶縁したものであって、社会主義の自由な発展のために国民の独立を護るという、崇高な目的のためのものである[12]。

この理想の実現まではしばらく待たねばならぬとしても、この法のうちにこめられた活気そのものが、習慣のなかに根づいたいろいろな欠点を補正するに違いない、と彼は考えた。この法を執拗に拒む者や、この法にもとる行為のあった者に対しては、いくつかの制裁も用意されていた。これらの制裁のうちには、その性質からみて、危惧の念を起こさせるものがあった。すなわち、召集に応ぜず訓練に参加しなかった者に対しては、国民としての公職につけなくなることが明言されていた(13)。また所定の講義を受講した市民将校に対しては免状が交付されるが、この免状を持たぬ者は、医者、弁護士、技師、教員にはなれぬ、とされていた(14)。また、将校に任ぜられたものは、この任命を辞退することができない、とも決められていた(15)。

＊

フランス革命は、イポリット・ド・ギベールの願っていたことを実現したが、そこに実現されたものは、彼が考えていたところとはまったく違った、はるかに急進的なものであった。同様にして一九一四年から一八年にわたる戦争は、ジャン・ジョレスが考えていたことを、急速に、しかしかなり歪曲した恐ろしい形で実現する結果となった。これら二人の人物は、ともに真摯な熱意に燃えていた。市民で軍隊を構成し得たような国民に対して、あえて攻撃をしかけるような国はあり得ない、とギベールは信じていた。愛国心に燃えたこの大衆は、侵略の野望を必ずや打ちひしいでしまうに相違ない、と信じていたのである。ジョレスの抱いていた確信も、これと軌を一にするものであった。民衆と軍隊とが一体となることにより生まれる民主的な民兵組織は、すぐれた団結と熱意と連帯性とを発揮し、それにより旧式な軍隊に対しては、自己の戦力を一〇倍にも増強させて発揮することができる、という確信であった。

これは後に一挙歴史の解決するところとなるが、ジョレスは、ドイツの将来に危険を感じていた。すなわち、もしドイツがさきに述べた途をとらぬとすると、ドイツはもう負けたも同然であり、もしそれがこの途をとるならば、ヨーロッパは新しい時代を迎え、平和が保証される、というのである。それというのもこの社会党党首は、〈国民の基礎をなす諸階級〉を動員することができれば、〈好戦的な軍国主義〉をくい止めることができる、と信じていたからである。[16] この点、彼の希望は裏切られてしまった。王侯にかわって国民が戦争をするようになると、戦争の規模と性格が変化し、それに従って必然的に敵対関係そのものが変化したが、この変化がギベールの希望を裏切るものであったのと同様である。国民の基礎をなす諸階層も、好戦的軍国主義に惑わされやすいものであることがわかった。これらの階層は、好戦的軍国主義を弱めるどころか、かえってそこに、狂信性と節度無視とをつけ加えたのであった。

ギベールが本質的に望んでいたことは、兵士に対して市民としての意識をもたせることであった。しかしながら事態の推移は、王制から共和制への移行とともに、国民総武装の体制と、大量の殺戮をともなう執拗な国民戦争とをもたらした。ジョレスは軍隊と国民とを一体化し、市民としての活動の場を軍人としての活動の場と一致させようとした。この接近が行なわれれば、そこに生まれるのは一つの軍事社会である。そこでは市民は、子供の時から制服をつけ、軍事教練を受け、規律を重んじ、これを実行するよう、育てられる。

唯一つの党が、政治の実際を独占する。軍隊と国民とのあいだにつながりをつけるのも、この党の役目である。そしてこの党が、国民についての一切の権力と特権と責任とを掌握する。この党は、正規軍と競合するものとして、人民に基礎をおく民兵組織をつくる。この民兵組織のうちにある、人工的にかきたてられた熱意が、国民の意志をあらわすものとみなされる。この組織のうちにも、一〇歳から二〇歳までの青少年が集められ、いわゆる兵役のための新兵予備訓練という名目で、彼らに教義をつめこみ、熱狂的な兵士に育てるような教育が行なわれる。この民兵組織はまた、機会あるごとに成年男子を召集し、各種の分列行進や演習を行ない、それによって訓練をよく徹底させると同時に、兵役に服す誇りを高揚する。このようにしてこの組織は、国民的共同体のなかの英雄的魂を体現しているのだ、という陶酔感を彼らに与え、彼らこそ国民の命運をきりひらく者であり、それをきりひらく道具でもあるという栄光を彼らに与える。

こうなってくると正規軍というものは、単なる職業軍人の集団、改むべき旧習をもち、反動的思想の疑いのある集団、に堕してしまう。けれどもその経験と知識とはかけがえのないものであって、これを無視することは危険である。やがてこの民兵組織と党の上層部のうちから、一種の上級市民が生まれる。彼らはいろいろな特権や報酬を受け、特別な栄誉を与えられる。ところがその一方では、この分野の先駆者であるジョレスがすでに予見していたように、公職からしめ出された者や自由な活動を奪われた者が現われる。

この一七八〇年代の愛国者と一九一〇年代の社会主義者とは、奇しくも同じ幻想の犠牲者であった。両者ともある種の軍隊改革を考え、それによって、それぞれのいろいろな政治上の考えを実現しようと期していたのである。これは驚くべきことではない。軍隊の内部には、彼ら二人を引きつけずにはおかないような、一種の平等の原則が存在した。軍隊は、ある種の社会主義社会のモデルをさえ示していた。なぜなら、そこには資産所有者は一人として存在せず、すべては共有であり、えこひいきと例外とを許容せぬある種の組織に、すべてが従属しているからである。そのうえさらにそこでは、細かいことまでみな規則により決められ、反対や不平は許されない。勲功と能力だけが、原則として指揮権のよりどころとされる。そう決められたからには、反対するためのもっともな理由がない限り、服従せねばならない。その結果として当然のことながら、指揮者のみが、情報に明るいいすぐれた判断者として決断を下すことになる。軍隊がその本質上、社会主義と同様に全体主義的であるのは、そのためである。

もしこの二人の改革者が、事態の推移をその目で見ることができたとしたら、この事態の推移の結果として生まれた現実は、両者の場合とも、まったく期待を裏切るものだったといっていいだろう。ところが、彼らの真摯な考えは、かえって彼らに対する反感を呼びおこし、彼らが必然的なものとして予感したところの諸変革が歴史の推移により実現されるちょうどその年に、彼らの命をうばってしまった。ともあれ、彼らが待ち望んでいた革新は、彼らが願っていたような形では実現されなかったが、そこに数かずの本質的なものが取り入れられたということは、この二人の炯眼なる予言者にとって、残念賞を与えられたようなものであった。

民主主義の勝利の裏面としてナショナリズムが生まれてから、はや一世紀以上を経過した。また一方、社会主義体制を確立するための諸立法が行なわれると、たちまちそこには全体主義的な圧制が付随して現われ、後者が前者を促進するようにさえなってしまった。歴史の惰性に打ち勝つためには、半世紀にわたる、戦争と体戦と新たな戦争の危機との時代が、二度までも必要であった。いくつもの革命が行なわれた。しかしそれを行なったのは、社会を破壊しつくりかえようとする現実の諸力であって、改革者たちが期待したような望ましい好条件が、人びとを引きつけたためではなかった。そこに実現された結果も、予言されたこと、待ち望まれたこと、計算されたこととは異なっていた。それらの結果は意外なまでに苦渋にみちたものであった。というのも、そのためには、ある種の不可避的な、しかも多額の対価を支払わねばならなかったからである。革命が不必要であり不毛であった、というのでは毛頭ない。ただ、多くの場合革命というものはそれを標榜する理論家の説くところと一致しないということが、よくわかるというのである。革命は、それを行なおうとする党派の人びとによって行なわれるとは限らない。革命にとって決定的な役割を果したなどとは思ってもみない敵対者の方が、かえってこれを進めていることさえある。いまとなっては、このような事実も容易に認めることができよう。また、革命が革命をとなえた人びとを弾圧し、革命をとなえた人びとが革命を認めないというような事態は、一体なぜ起こるのだろうか。革命を唱えた人びとは、その危機的状況のなかから生まれてなければならないと彼らが願ったすべての良きものを、すでに得られたものとみなしてしまっていた。ところが、すべてがひっくり返されてしまった時にまずのしかかって来るものは、ほとんどいつも、最悪のものであった。

均衡が破れ、すべての障壁が打ちこわされたなかでは、滑りやすくなった坂をころげるような速さをもって、悪は増大する。一方、待ち望まれた善なるものは、これから考え出し、建設し、強固にしてゆかねばならぬものとして、そのままそこに残されているのである。

第二部　戦争の眩暈

〈そこでご注意いただきたいのですが、ここで説明しようとしているのは、戦争が起こり得るということではなく、戦争は容易に起こるということなのです。〉

J・ド・メーストル

序

戦争は、聖なるものの基本的性格を、高度に備えたものである。そして、人が客観性をもってそれを考察することを禁じているかにみえる。それは検証しようとする精神を麻痺させてしまう。それは恐ろしいものであり、また感動的なものでもある。人はそれを呪い、また称揚する。しかしそれは、ほとんど研究されていない。戦争は歴史のはじめから行なわれてきた。けれども、戦争に関する真に批判的な著作が現われたのは、ついさきごろのことである。[1] このような著作がなかなか現われなかったということは、いささか意外なことである。しかし、戦争を断罪するものとこれを絶讃するものはいくらもあった。これを賞讃する声は、どれもみなさして説得力のあるものではない。これに同意するためには、ある特殊な信念が要るともいわれる。戦争の美点とされるものは、みな論議の余地あるものばかりであり、またあまりにも形而上学的であって、ごく些細な実証を行なうことさえ不可能である。とはいうものの、如何なる反対意見も、戦争の美点を公言する者のその確信を変えさせることはできない。

これとは逆に、戦争を断罪する意見は、まぎれもない諸事実を伝えている。この意見によれば、戦争というものはすべて残酷で、国を荒廃させ、多くの人命をうばうものであるというが、これは日を見るよりも明らかなことである。したがってこのような意見をもつ人びとは、戦争を恐ろしいもの、不条理なもの、不毛のものと考え、さらに進んで、人類を悩ませる諸々の悪のうちの最大の悪としてこれを非難する。一方、非難された方の陣営は、これに対してさして反論することもせず、かえってこれを、神聖なものと偉大なものとに対する冒瀆あるいは嘲笑として受けとる。戦争を擁護する人ばかりではない。戦争を恐れ、戦争を望みこそせぬもののそれを価値あるものと認め、忍従に甘んじている大衆も、右のような冒瀆をあえてする人びとは神に見放された者と考える。人びとは彼らに不信の念をいだき、同時に彼らを軽蔑する。いいかえれば、暗に卑怯者としてまた裏切り者として疑ぐっているのである。彼らの行なうような論義を行なうことを恥ずべきことのように思い、このような論議により身を汚されることを恐れる。彼らの言うところは、ほとんど、何か得体の知れぬおぞましい悪意によって吹き込まれた、もっともらしい意見のように見なされる。法律によってそれが許されているところでさえ、徴兵忌避というものは、救いようのない権利放棄、部分的にこそせよ男らしさを放棄すること、と見なされている。

あらゆる信仰は、無神論のまえにおかれたとき、これと同じような立場におかれる。良識で考える人びとはおそらく懐疑論の側に立つであろうが、かといって彼らは信仰を持つ人びとを一人として説得することができない。神を信じぬ者は一番大事なことを見落としている、と信仰を持つ人びとは判断する。不信者は神を否定することにより、自らが呪われていることを証しするだけだ、と彼らは信じて疑わない。最もよい場合でも、自分を超越した存在をかたくなに認めようとしない、と不信者を非難する。戦争に対する人びとの態度も、このようなものである。それ故、一般人の意識のなかで戦争が聖なるものとしての性格を持つと言われるのも、けだし当然のことであろう。要するに、人びとは戦争を科学的研究の対象とするのを嫌がること、戦争が人びとに対してひき起こす反応は両義的であってしかも強烈であること、これら二つの徴候はいまの場合、戦争が示す諸々の徴候のなかでも特に無視することのできないものといいえる。

聖なるものは、まず、魅惑と恐怖の源であった。(2) 戦争は、それが人びとをひきつけ、人びとに恐怖を抱かせる時にのみ、聖なるものとして受けとられる。戦争が軍事技術に堕している限り、それが少数の職業的兵士のみに関るものである限り、また旧習を墨守する戦略家が周到な計算に従って、過大な損失を避けながら行なうものである限り、戦争は、切っ先の刃止めをはずした試合用の剣を用いて行なう一種の試合にすぎない。それが如何に血みどろなものであろうとも、規律にしばられた一つの行動でしかなく、遊戯やスポーツに近いものである。事実何世紀ものあいだ、戦争はそのようなものであった。戦争はこのような条件のもとにあっては、いかなる宗教的な感情をも惹起するものではなかった。戦争が聖なるもののひき起こすいろいろな反射行動をひき起こしうるためには、一国の国民全体にとっての全体的危険となることが必要であった。一国の国民全体が、その持てる資財のすべてを投入して決定的な試練を行なうといってよいほどの、国民総ぐるみの悲劇のなかで、各人が加害者あるいは被害者とならなければならなかった。

ヨーロッパにおいてこの転換は、フランス革命とともに行なわれた。すなわち、兵士が市民となった時に行なわれたのである。〈マスケット銃が歩兵をつくり、歩兵が民主主義をつくった〉という表現は、誇張のようにもみえるが、大きな社会構造の変化をただ一つの技術的進歩に帰してしまおうとするのでない限り、これを不正確なものとすることはできない。むしろそれは、重要な分節点を示しているのである。コンドルセは、一七九三年、その著『人間精神発達の過程の歴史的素描』のなかで、民主主義の発達によって歩兵が発達したとしているが、さきにあげた表現は、まさにこのコンドルセの判断を逆転しているのである。それはともかく、この二つの現象のあいだに関連のあることは、疑う余地もない。平民はみじめな生活をし、黙ってたえ忍ぶことに慣れてきた。けれども、一旦その手に銃を与えられ、国民を防衛するために呼び寄せられた時、はじめて彼らは自分の価値の重要さを意識した。数かずの危険に立ち向かい、敵を殺すことにより、自分も貴族や特権階級とまったく同じ人間なのだということを、いやというほどはっきりと悟った時、はじめて彼らは自分の価値の重要さを意識したのである。

共和主義者と愛国者とが同義語であったのも偶然ではない。兵役と選挙権とによって、市民は一つの新しい尊厳を得た。軍務上の責任は、政治上の責任を裏づけ、これを正当化するものであった。軍服と選挙公報とは、市民が獲得したところの平等の、目に見える印であり担保であった。

もちろん、プロイセンには一種の徴兵制が存在し、ミラボォはこれに対して警戒心を抱いていた。〈多くの国家が軍隊を持っている。しかし国家を所有している軍隊は、プロイセン軍だけだ〉。しかしこの戦争用の機械は、王の臣下を規律ある機械人形にしただけのものであった。市民の一人びとりを、解放の福音を広める宣教師に変えたのは、フランス革命であった。市民とは、圧制という九頭の大蛇を足の下に抑えつけ権利と文明のために戦う半神なのだという説を、おのおのの市民が信ずるようになった(1)。戦争は市民全体に対する奉仕であり、市民意識の試金石であった。

昨日まで自らを無価値なものとしか思っていなかった民衆は、戦争により、自分こそ国民の力なのだということを知った。〈新しい時代が開かれた。無制約な仕方で行なわれる国民戦争の時代である。この戦争は、兵士一人びとりの関心と能力を、ひいては感情と情熱を、いいかえれば、それまで利用されなかったいろいろな力の要素を、動員しようとするものであった(2)〉。ヴァルミーにおけるゲーテの言葉を注釈して、フォッシュはこう書いている。それ以来人びとは、〈兵士の心をもって〉、〈凄惨な仕方で〉、戦いを交えるようになった。この熾烈な戦争には、市民各人が参加した。戦争は市民に、市民一人びとりの価値を証しし、市民はこの戦争により、公共の善に対する彼の忠誠を示した。同時にこの戦争は、近代国家の諸々の機構をつくり出し、国家の権力を基礎づけたものであった。戦争遂行のため、国家は市民に対し、その金と血をさし出すよう求めた。モンジュとカルノォが工業を変革したのも、戦争のためである。戦争のために必要とあれば、地下室の防水用硝石から青銅の鐘にいたるまで、すべてをさし出さねばならなくなった。中央集権的な行政機構がおかれ、多くの新しい部署が設けられ、権力に情報を伝え、権力の決定事項を執行する全国的な官僚制度ができたのは、何よりもまず、戦争を行なうために必要な、いろいろな要求を満足させるためであった。この官僚組織は、たくさんの兵士を募集し、集結し、教育し、部隊に編成し、これを輸送し、各所に配置し、これに糧食を補給し、衣服を支給するためおかれたものであった。こうしてつくられた軍隊は早々に前線に送られ、そこでこれまでになかったような種類の戦闘を展開し、巨大な消費活動を始めるのである。国家は徴兵制度により、死をともなうある特定の目的に向けて、全市民を完全に掌握するようになった。ここで国家は、支配者として登場することになる。それは、個人から私生活を奪い取り、命まで犠牲にすることを要求する。そして、衣食住の心配こそなけれ、国家によって完全に支配されたところの、新しい生活様式を個人に課してくる。国家はこのようにして、支配者として現われる。そして人びとは、この支配者に対して、二つの意味ですべてを負うているのである。すなわち、人はこの支配者からすべてを受けとることができるが、一方、いつかはこの支配者に対してすべてをさし出さねばならないのだ。(3)

このようにして、戦争は国家に対して、全国民の上にその統制を押し広げるための理由と機会とを与えた。折しもいろいろな発明が行なわれ、国家は遅滞なくこの統制を実行できるようになった。なかでも電信の発明は、とくに意義深いものといえる。ヘーゲルが戦争をよいもの不可欠のものと考えたのは、彼のいう理念の担い手である国家が、これによって強化されるためであった。戦争により、いかにして国家がその理想的統一に到達するかを、彼は示している。〈他の一切の目的が、他の一切の善が、繁栄が、また生命そのものさえ、ここに集中し吸収されてしまう〉[4]。個人は国家の潜在的否定であり、その否定が戦争である、と彼はみていた。戦争は個人というばらばらの要素に対し、〈個とても全体のなかにあってこそはじめて存在し得るのだという意識〉を与える。こうなってくると、戦争はもはや支配のための一手段となる。〈個人がこのような孤立のなかに根をおろし、そこで固まってしまわないようにするため、つまりは全体というものがばらばらになり、精神が蒸発してしまわないようにするため、政府はときどき戦争を行ない、内輪な交わりのなかに安住している個人を揺り動かさなければならない。政府は戦争をすることにより、日常的なものとなってしまっている彼らの秩序を混乱させ、その独立の権利を侵害しなければならぬ。このような秩序にひたりきって、全体からはなれ、自分だけのための絶対不可侵な生活を願い、自己の安住のみを求めるような個人に対しては、政府はすべからく、ここに課された労働のなかで、彼らの支配者である死というものが如何なるものか、思い知らせてやる必要がある〉[5]。彼はまた別の個所で、戦争を絶対的な悪および外的な偶然の出来事と考えてはならない、としている。なぜなら、人間の生命や財産こそ、偶然的なものと考えられるからである[6]。つまるところ、国家がおのれの権利を市民の生命財産により上位のものとして主張することができるのは、戦争の際においてであった。戦争は、社会集団の在り方を極度に社会化するための契機となる。戦争が聖なる力となるに至ったのは、このようにして、一人びとりの人間に対し最高度の犠牲を要求するためであった。

華麗な軍服やファンファーレ、かつての厳格でまた貴族的な試合ぶり、巧妙な用兵術、危険なものとは知りながら、なお規則正しく行なわれた礼儀の交換、これらはみな姿を消してしまった。〈イギリスの殿方、まず先に射撃されよ〉、と言ったというフォントノア（一）の昔語りも、もはや無意味なものとなった。このような教えを実行する士官は、ただ射ち殺されるだけである。戦争の勝ち負けにより得られ失われるものが大きくなったので、別の形のヒロイズムが求められるようになった。偉功をもって他に抜きんでることは、もはや問題ではなく、逆に、密集した隊列のなかで目立たぬ位置を占めることが要求されるようになった。戦争は単なる贅沢な行事ではなくなり、外交の補助手段であることを止めた。徐徐にそれは、国民全体の至高の在り方とみられるようになっていった。ほとんどすべてのものが戦争を準備し、ほとんどすべてのものがこれに従属させられてしまった。戦争のそとにあって、何が存在し得たであろうか。人間も、そして諸々の善も、存在し得なかったのである。すでにそこには、農業が動員され、工業が動員され、金融が動員され、科学が動員されることが予想されていた。戦争は、市民生活の付随物ではなくなった。むしろそれは、市民生活をそっくり吸収してしまおうとしているのである。

一　極端への飛躍

フランス革命の時代および帝政時代の人びとは、どんな決定的な変革が行なわれつつあるかということを、はっきりと感じとっていた。

クラウゼヴィッツは、帝政時代の一八一二年から一八一五年にかけて、ナポレオンに対して行なわれた数かずの戦争に参加し、その後一八一八年から一八三〇年まで、プロイセンの軍官学校の校長を務めた。彼は、戦争というものが新しい次元を得たことを、はっきりと指摘していた。彼が指摘したのは、数の上での優位が重視されるべきであるということ、もはや結果だけが問題なのであって、その結果を得るための手段はどうでもよいということ、また、大衆的動員を行なうことによって兵員数を大幅に増大できるということだけではなかった。いまや戦争はある原理によって動かされるようになってしまったのであって、その原理は何か無制限なものを含んでおり、そのために戦争の大きさと激しさは、休むことなく無限に増大してゆくしかない、というのである。法のうえでの平等は、徴兵により召集された兵士に対して、士気を与える結果となった。こうしてはじめて兵士たちは、祖国の呼びかけに答えて祖国防衛のためあるいは他国攻撃のために戦うのは、とりもなおさず自分自身のものを守り、自分自身のものを増大させるために戦うことなのだ、という考えをもつようになった。武人としての能力は、民衆とは〈全く異なる一つの集団〉としての職業的軍人のみがもつものであったが、そのようなものはもう不充分なものとなってしまった。そのうえさらに、国民総武装という熱烈な心情が必要とされるようになった。クラウゼヴィッツにとって、一九世紀に起こった大きな変化とはこのようなものであった。〈いまから少し前、戦争がそれまであった慣習的な枠を破りはじめた時以来〉(7)国家の運命を方向づけてきたのはこの変化であった。一八〇五年から一八〇七年にかけての幾多の戦役は、〈われわれに対して戦争のもつ究極のエネルギーを示し、われわれはそこから、戦争というものの究極的概念を得ることができた〉(8)。

戦争がその本性にもどった、といってもよい。戦争はその変態的形態を脱して、純粋な形態に到達したのである。ここにおいて戦争は、〈あらゆる期待、あらゆる恐れと不安の源泉〉となった。この驚くべき現象の原因は、躊躇なく指摘することができる。すなわち、〈民衆が国家のこの大きな利害に参加するということにより、あらゆる慣習的な制約から解放された戦争は、ついにその本来の形態にもどり、そのもてる力全部を発揮するに至ったのだ[9]〉、と。

もちろん、戦争の究極的概念というのは、観念上のものである。戦争は、政治の奴隷たるべく運命づけられている。政治がなければ、戦争は粗暴で無秩序な憎しみの表出にとどまるだろう。また、〈物事の無目的で非合理な状態〉としかみえないだろう。さらに、人間のもっている〈優柔不断〉な性質をおくとしても、戦争には、同盟、通商、その他いろいろな義務などに由来するところの、不可避的な制約が課されている。それゆえ戦争は、〈不完全な、それ自身の内に矛盾を含んだ行動〉にとどまる可能性もある。しかし、政治が活発となり、人びとが手もとにあるあらゆる手段と優位性とをすべて利用したいという誘惑にかられ、またとくに、より激しい形の戦争が行なわれるようになるのを見守っていなければならぬという状況に追いこまれた時、戦争は、休むことなくその究極的概念へと近づいてゆく。クラウゼヴィッツがいみじくも、極端への飛躍の原理として指摘したのは、まさにこのことであった。自分が躊躇しているところのことを相手が実行するのではないかと彼我おのおのが恐れ、そのために、戦争に賭けられた得失が如何につまらぬものであったとしても、あらん限りの力を出し切るところまで、両者の戦いはたえずエスカレートしていってしまう、というのである。

クラウゼヴィッツはここで踏みとどまった。彼は、戦争をその目的から切り離してしまうのは非論理的なことだ、と感じていたようである。けれども、リューダー、モルトケ、フォン・デル・ゴルツ、シュタインメッツ、フォン・ベルンハルディ(二)、ルーデンドルフ、といった彼の後継者たちは、この閾を越えてしまった。ラゴルジェット(三)は、この派の理論家たちが意図して受け入れたところのパラドクスを、力をこめてつぎのように説明している。〈戦争手段の及ぶ外延とその強さとは、もはやその最終的政治企図のもつ価値に比例したものではなくなった。それはただ一つの規準しかもたなくなってしまった。すなわち、相手がこちらを凌駕しようとする以上、こちらも相手を凌駕しなければならない、という規準である。いいかえればそこには、外から課された基準はもうなくなってしまったのである。いってみれば手段が目的から分離して、どこまで成長するのかわからぬほどの、旺盛な生命を得たようなものである。目的の価値に応じて手段の価値が決まってくるのではない、あたかも、手段が目的そのものとなり、自己のために自己を育ててゆくようなものである(10)〉。戦争は政治に従属するとしたクラウゼヴィッツの意見は、はっきりしたものだった。彼の残したつぎのような有名な言葉は、通常あまりに簡略化した形で伝えられてはいるものの、広く人の知るところとなっている。〈それ故ここでいま一度繰り返しておきたい。戦争は政治の道具なのであって、戦争の性格と大きさとは、時の政治の性格と大きさに左右される。そしてこの基本的な考えから見るとき、戦争は政治以外の何物でもなく、それにひきかえ剣のかわりにペンをもって行なわれる政治の方は、常に自己の法則に従って動いているのである(11)〉。一世紀後、ルーデンドルフはあえてこの方式を逆転し、政治を戦争の道具であるとした。彼は戦争を国民意志の最高の表現であると定義し、平和は単なる幕間でしかなく、そのあいだは民政権力が政治を担当して、軍人がつぎの戦争を準備することができるようにするのだとした。そして、〈あらゆる人間の活動とあらゆる社会的活動とは、それが戦争を準備するものである限りにおいて、正当なものとされる[12]〉、と彼は結論している。

極端への飛躍の原理は、ここにその実を結び、戦争は事実上〈目的を超越した[13]〉ものとなったのである。

二　戦争の形而上学

戦争は、それが社会の第二義的活動でしかなかったあいだは、無視されあるいは軽視されてきた。けれどもその規模が拡大しその被害が増大した時、人びとは戦争に対して非常に鋭敏な反応を示すようになった。もちろん戦争は、人びとの呪うところだった。しかしその一方、戦争のうちに特別な徳を認める者もあった。戦争を貴いものとする人びとはいつでもいたのであって、そのような人びとにとっては、戦争は職業であると同時に情熱の対象でもあった。けれどもこれらの人びとは、戦争を擁護しながらも、戦争に対して哲学的な重要性を与えたわけではなかった。

アッシリアの王アスルナジルパル[三]は、自分の犯した残虐行為を自慢するのを好んだ。彼は、打ち負かした敵の手をどうやって切断し、その舌をどうやって抜くものかを説明し、生身の敵をいかにして串刺しにし、いかにして皮を剝ぎ、いかにして壁のなかに封じこめるものかを説明した。彼は反乱を起こしたズキスの諸都市を焼き、彼らの国を荒らし、捕虜を磔刑にした。〈わが顔ばせは破壊の跡を前にしてほころび、わが満足は忿怒を堪能するなかにこそある〉[14]、と彼は書いている。けれどもまだこれは、力と勝利の陶酔にすぎない。さらに時代を下ると、成吉思汗は戦争の快楽を数えあげて、つぎのようにいっている。〈人間の最も大きな喜びは、敵を打ち負かし、これを眼前より追いはらい、その持てるものを奪い、その身よりの者の顔を涙にぬらし、その馬に乗り、その妻や娘をおのれの腕に抱くことにある〉[15]。とはいえこれも、彼の個人的好みを述べているにすぎない。彼自身の体験が彼に示したところのある種の快楽の、その強烈さをここで確認しているにすぎない。

西欧キリスト教社会においてもこれと同様であって、ベルトラン・ド・ボルン[四]のような人物は、まったく美学的な見地から戦争を讃美している。彼を楽しませたものは、戦闘という見世物であった。春を好み、鳥の歌を愛でると同じように、天幕や旗差物やものの具の美々しき色彩、戦列を整えた騎兵隊、家財をもって逃げる農民、主をなくして盲滅法に駈けまわる馬、これらえもいわれぬ混乱を目のあたりにするのは楽しいことだ、と彼は告白している。

おもいみよ、わが楽しみは、
飲・食・惰眠にはあらず。
両軍対峙し鬨の声、
はやれる軍馬は

木の下蔭にいななきて、
堀のなかなる草のうえ、
小兵大兵倒れ伏し、
助け求める声しげく、
息なきむくろのかたえには、
折れたる槍の紅き旗。(16)

このように、王にとって戦争は、栄光の源であった。それは、征服者にとっては肉感的な喜びの源であり、詩人にとっては詩興の源であった。けれども、倫理的、教化的な効用を戦争に認めようとした者は、一人としてなかった。それとは逆に、誰しもがこれを恐るべき災いとみなしている。ラ・ブリュイエールは一七世紀に、人類の恥とすべき不条理な流血として、戦争を非難している。〈ある大国の国じゅうの猫という猫が、一つの野原に幾千となく集まって、思いきり鳴き叫んだのち、怒り狂ってたがいに飛びかかり、引っ掻き合い噛みつき合ったと仮定しよう。この混乱には、双方九千から一万もの猫が加わり、一〇里先までその悪臭がとどくほどに空気を汚したとしよう。あなたはこれを、いままでに聞いたこともないいまわしい大騒ぎだ、といわぬであろうか。またもし狼がこれと同じことをしたならば、未曽有の喧騒、死肉の山が現出するであろう。そして彼らが口をそろえて、彼らとて栄誉を重んずるものだといったところで、それはこのすさまじい騒ぎに加わるための口実であって、実際には自己の種属を自ら破壊し絶滅するだけだ、とあなたは考えるであろう。そしてこう考えたあとで、あなたは腹の底から、これらの哀れな獣の、この浅はかさを笑わないであろうか〉。人間は理性的動物であって、歯と爪をしか使えない動物よりすぐれている。それゆえ人間はあらゆる種類の殺戮用具を発明し、その優秀さを示したのである。ほどなく彼は、刀剣には満足できなくなってしまった。〈時を経て、ますます理性的になったあなた方人間は、むかしからあるこの自分自身を絶滅させる方法に、さらに多くの改良を加えた。あなた方が発明したあの小さな玉は、頭や胸に当たりさえすれば、たちどころにあなた方の命を奪うことができる。もっと重くて大きな玉は、あなた方の体を二つに切断し、腹を切り裂くことができる。屋根に落ちれば床を抜き、屋根裏から地下室まで貫通し、大きなドームを吹き飛ばし、あなた方の家、妻子や乳母を粉微塵にしてしまうようなものもある。それでもなおそこに栄誉があるというのなら、この栄誉というものは、何と人騒がせな、うるさい物であろうか〉[17]。彼は他の個所で、戦争を人間の貪欲と不正と狂気によるものとしている[18]。

それから二世紀を過ぎると、多くのしかもかなり重要な思想家が、他のものにはない幾つもの長所を、戦争のなかに見出そうと試みた。戦争が、その作戦の運用の面でも、また戦闘の形態の面でも、その恐ろしさを増し、遊戯あるいはスポーツとしての性格を失うに至ったのは、このころである。いまはもう何が何でも勝たねばならない。出費を少なくし、上品な仕方で戦争するなどということは、問題にならなくなった。動員される部隊の数は、ますます多くなった。そのため、操兵を集団的にまた正確に行なうことが重要になり、個人の勇気や創意は讃むべきものというよりも、むしろ有害なものとなった。さらに銃砲が発達し、とくに砲兵が強力なものとなると、白兵戦の重要さはますます減少し、白兵戦に必要とされるいろいろな能力や、そこで発揮されるいろいろな力は、その価値を減じていった。騎兵が誇り高き軍隊として存続し得たのは、そこでは比較的永いあいだ、個人的な勇気が重視されていたからである。けれども、より短い間隔でより遠くまで射撃することができるようになり、敵のいる所まで到達せぬうちに多くの騎兵が撃ち倒されてしまうようになると、それもこれも終わりだった。武士が自分一個の能力と体力によって行なう戦いは、これをもって消滅した。外的かつ抽象的な、化学反応を利用したより強力な力にたよらずに行なう戦いは、これをもって消滅したのである。そしてこの化学反応そのものは、その強烈さとは裏はらに、命令を受けたそのときに、命じられた方向に、一人の人間がただ反応を起こさせればよいという、至ってつまらぬものであった。

ジョン・U・ネフが指摘しているように、まさにこのとき戦争は、〈すべての人間が引き受けるべき精神的意味をもった経験、人間に貴いものを与える精神的体験〉[19]へと、移行し始めたのである。戦争がこのような洗礼的意義をもつようになったのは、戦争が非人間的なものとなったときであった。これは意義深いことといわねばならぬ。遠く離れたところから、工夫をこらした物的衝撃を与えるために、破壊力のより大きいものをたえず考案し、それをより大量に生産し、より残酷にそれを使用してゆかなければならなくなったとき、戦争はそのような洗礼的意義をもつようになったのである。このような一致は、さして驚くべきことではない。およそ聖なるものとされながら、人間の本性に対して根本的に異質でないようなものは、何一つとしてないのだから。

クラウゼヴィッツは、戦争について判断を下すことを、はっきりと拒否していた。とくに、貴族的遊戯的戦争が熱狂的な戦争に変わってゆくのを、道徳的見地から判断することを拒否していた。彼は、技術的また客観的分析をしようと心がけたのである。そのほかのことは、哲学者のすることだ、と彼はいっている。[20] 事実この問題は、哲学者のとりあげるところとなった。ヘーゲルのような国家理論の持ち主が、この種の問題をどう考えたかは、すでに見てきたとおりである。サヴォアの上院議員で一七九二年にフランスを離れ、一八〇三年から一八一七年までセント・ペテルスブルグの宮廷において、サルジニア王の公使を務めたジョゼフ・ド・メーストルも、武力抗争の形がこのように変わってゆくのを目のあたりにして、少なからぬ恐れを感じていた。この時代に起こったいろいろな大きな出来事の精神的意味について、とくに深い関心をもっていた彼は、その著『セント・ペテルスブルグ夜話』の第七話を、戦争の問題にあてている（一八二一年）。そのなかで、見方はまったく違うとはいえ、彼もまた、戦争のもつ道徳的超越的価値を肯定している。彼は戦争を、良識の一つの現われであり、動かすべからざる正しい道理の現われであるとみた。軍人という職業は、徳と温和な心を培うところの場であって、もっとも温和な人物こそ、戦争を好み、戦争を欲し、情熱をもって戦争を行なうのだという。〈真の武人は、恐るべき殺戮の光景に接することによって、無慈悲になったりするものではない。彼自身が流さしめた血の海のただなかにあって、なおかつ彼は人間的なのである。愛の激情のさなかにあっても、妻がなお純潔であるように〉。

さらに、戦争は世の中の法則でもある。物質に生命が与えられ生物というものが生まれて以来、〈すべての生物の身を守ってきたのはこの怒り〉であった。ジョゼフ・ド・メーストルは、植物について、動物について、そしてさらには人間について、多くの例を引証している。人間が相手を殺すのは、自分の身を養うため、自分の身にまとう衣服を得るため、自分の身を護るためばかりではない。人間は、殺人のための殺人をも行なう。殺戮が絶えず行なわれるということは、全体的な調和の一要素である。戦争を抑止できるものは何もない。〈突然ある神的熱情の虜となった人間は、おのれが何を欲するのかも知らず、おのれが何をするのかもわからずに、戦場に向かう。それは憎しみでも怒りでもない。この恐るべき不思議は、一体何であろうか。これほど人間の本性に反するものはなく、これほど人間が嫌わぬものはない。人間は、自分が恐れているところのものを、熱意をもって行なうのである〉。人間を戦闘に引きずってゆくこの法則は、如何ともしがたい。地球は絶え間なく行なわれる人身御供の大祭壇でしかなく、一切の物が費消され、死が死に絶えるまで、それがつづけられる〉。戦争は一種の贖罪である。この罰を回避し、この罰を短縮しようという段になると、あらゆる国民が何の努力も払おうとはしない。人間は、自ら犯した大罪を深く悔い、自ら苦刑を求める大罪人のように、自分の体内の血という血を捧げて、何かわからぬある罪をあがなおうとしている。

また戦争には、ある神的本質がある。奇妙な証拠によってこれを確信しているこの著者は、批判的な精神というよりむしろ一つの熱意にかられて、その証拠を列挙している。それによれば戦争は、その普遍性の故に、それがひき起こす種々の結果の故に、それをとりまく神秘的栄光の故に、われわれをそこに運んでゆくえもいわれぬ魅力の故に、また偉大な武将に与えられた加護の故に、神的なものとされている。またそれが、民衆の不義に対して神が怒りを発した時に時宜を得て起こる故に、あるいは、それが国民を高揚させあるいは堕落させ、勝者を腐敗させ敗者を栄えさせるような、この不可予見的な結果の故に、神的なものとされている。さらにまた、勝敗を決めるのは神意にほかならないという点において、神的である。人間は戦争のなかにおいて、自分を打ち砕き自分を埋めつくしてしまう力を体験し、自らの弱さを知る。勝利は自己の努力や自己の資質により得られるものではない。〈戦争において人間は、自己の空しさと、すべてを律している不可避な力のあることを、最も強くまた最もしばしば思い知らされるのである〉。

このような考え方は、ボシュエのうちに萌芽としてみられたものであるが、もちろんこれは、キリスト教神学から発したものであった。とはいえ、自由思想家がこのような考え方をとらないという理由から、これをキリスト教神学に属するものと考えることは誤りである。自由思想家たちは、戦争に対して贖罪としての性質を認めはしなかったものの、戦争を恐ろしいけれども贖罪的なものと考えたボシュエとは逆の方向から、戦争に対して積極的な価値を認めていたのである。彼らはみな、戦争に対して敬意を払うようになった。というのも戦争はだんだんに、全能なもの、抑え難きもの、さらには聖なるものと考えられるようになっていったからである。

第二章　戦争の予言者たち

G・チルナー（五）は一八一五年、一つの戦争擁護論を公けにしたが、これはさしたる関心を呼ぶものではなかった。このチルナーの戦争擁護論を除けば、ヨーロッパの各地ではじめて戦争擁護論として重要なものが現われたのは、一八六〇年から一八八〇年にかけて、すなわち、かなり永い比較的平和な時代が続いたあとのことであった。これらの戦争擁護論者としては、プルードン、ラスキン、ドストィエフスキーがあげられるが、彼らはそれぞれ、フランスの経済学者、イギリスの美術史家、ロシアの小説家であって、軍人とはまったく縁遠いものであった（1）。彼らはおのおの、ある特殊な気質と独創的な文化とを代表していた。彼らをして、このような一つの特殊な問題についてしかも同一の方向に、新しいものを求めさせたものが何であったか、これを穿鑿してみたところで益はない。しかしまた、彼らの精神が異常に鋭敏であって、そのため彼らは社会の変化をまのあたりにして、不安を抱かずにはいられなかったのだ、とこういってしまって済むことであろうか。彼らがまず戦争のなかに求めたものは、その時代の風潮や考え方に対して対抗するもの、彼らをして警戒心を抱かしめたところの社会変化に対する対抗物、であったとおもわれる。ともかく、彼らがそろって戦争をとりあげたのは、偶然ではなかった。彼らがもう一世紀まえに生まれていたならば、彼らとてとうていこのようなことは考えなかったであろう。そのころの戦争は、重要なものではなく、規模も小さく、さして恐ろしいものではなかった。単なるエピソードにしか過ぎないようなそのころの戦争からは、社会を再生しつくりかえてゆくような効果的力を、期待すべくもなかったのである。ところがパリから、ロンドンから、そしてモスクワから、他の点ではまったく噛み合わないところの三つの声が、一致して一つのことを呼んだというのは、大きな広がりをもった一つの現象が、彼らをして語らしめていたからにほかならない。

一　プルードン

プルードンは一八六一年に、その著『戦争と平和』を発表した。はじめ『戦争の現象学』と題されていたこの本は、つぎのような章から成っていて、これらの章の題名がそれだけで一つの構想を示していた。〈戦争は神の御業〉、〈宗教的啓示としての戦争〉、〈正義の現われとしての戦争〉、〈理想のあらわれとしての戦争〉、〈人類の規律としての戦争〉、〈戦争を行なう人間は、自然よりも偉大である〉、等々。

戦争は、人間を動物から区別するものである。(2) 人間に誇りとヒロイズムがなく、ただ勤勉で社会的であるだけだったならば、人間は、あらゆる能力のうちでも最も豊かな成果をもたらすところの、革命を行なうという能力を持たなかったことであろう。その場合、文明は単なる家畜小屋にすぎない。〈もし戦争というものがなかったなら、人間にどんな価値があるだろうか?〉戦争は、いろいろな範疇の精神活動のうちでも最も高度の、不可欠なものと定義される。時間、空間、美、正義、有用性等と同様に、戦争は〈われわれの理性の一つの形態であり、われわれの魂の一つの法であり、われわれの存在の一つの条件である〉。

それは神の御業の一つである。それは、人間の理性と意志を越えたところにある。戦争の出現は、神の顕現のような一つの価値をもっている。これは質問も疑いもさしはさむことのできぬ事実である。それは神の法の造型的表現であり、正義と詩情の最高の源泉である。もしも戦争がなかったならば、人間はあらゆる分野において、もっと小さなものになっていたことであろう。個人生活も社会生活も、退屈で不毛なものになっていたことだろう。プルードンはアメリカ合衆国の文明のなかに、この物質主義的で卑俗な、商業的で平和な国民のなかに、その実例を見ている。〈もしまだこの文明が戦争により、何か一つの信仰を、法を、憲法を、理想を、また性格を得ることができるのならば、神よ、戦争によりこの文明を救いたまえ〉(3)、と彼は叫んでいる。そしてまもなく、南北戦争が彼のこの願いをかなえることになるのである。

また戦闘は、神の審判という動かし難い判決をもたらす。それは国家の運命を決定する、控訴なしの判決にも等しい。戦争は国家がつけている仮面を剥ぎとり、その民衆のほんとうの価値と運命とを明示する。〈戦争、それはわれわれの歴史であり、われわれの生活であり、われわれの魂全体である。それは立法であり、政治であり、国家であり、祖国であり、社会を階級に分けるものであり、人びとの権利であり、詩であり神学である。要するに、それはすべてなのだ〉。先を見こしながら、しかも奇妙な感概をこめて彼はこう書いている。

このように組織だてて熱烈な言葉を並べているのもさりながら、世界情勢と経済・商業の進歩について長い分析を行なった後、この本の終わりで、人類はもはや戦争を欲していないと宣言できる、とプルードンが信じていたことは、なおさらの驚きである。この点については歴史も彼に対して、苛酷な形でこれを否定することしかできなかった。彼が後になってこのように前言を取り消したのは、意義深いことである。ここには、この著者の両義的な感情を感取することができる。彼は戦争のなかに、一切の栄光と一切の豊饒性を認めていた。彼はそれを文明の躍動そのものとしていたが、同時にこれを恐れ、その消滅を誇らかに宣言していたのであった。

二　ラスキン

それから数年後、ジョン・ラスキンはウールウィッチの王立軍官学校で、一つの戦争擁護論の講演をした。その講演の終りの部分には、さきに見たものと同様の一つの転換が認められる。彼はこの講演を、その後すぐ抜き刷りとして発表し、後に『野生のオリーブの冠』という論集のなかにこれを収めた(一八六六年)。

美学者であったラスキンは、美術史についての考察から出発している。彼のいうところによれば、美術というものは、人民が兵士となるところにしか栄えぬものだというのである。牧畜民と農耕民は、平和のうちにある限り、何の芸術作品も生まなかった。この点に関する限り、商業も工業もまったく無力である。というよりむしろ、これらは芸術創造の芽を破壊してしまうものである。それに反して、戦争は偉大な芸術の源泉であった。偉大な芸術とは、〈戦争の叙述であり、その讃辞であり、その劇的表現〉以外の何物でもない。ギリシアにおいて、アポロンとパラスは武の神であった。だとすれば、軍事国家であり絶えず侵略を行なったローマの芸術の、その陳腐なことを何と説明したらよいのだろうか。この質問に対しては、ローマ人は本質的には武人でなかったのだ、と答えればよいであろう。彼らの行なった戦争は、戦争そのもののためではなく、他民族に平和を押しつけるためであった。彼らが戦争に対して持っていた考え方は実利的なものであって、それが彼らの戦争を不毛なものにしていたのである。やがて芸術は、中世的な騎士道によって再興された。それは〈ヨーロッパ精神が、戦争を愛するがために戦争に魅せられ、戦争への情熱によって満たされていた時代である〉。平和な時代がくると、芸術はまた衰退した。芸術は〈種々の腐敗や官能的快楽の側に走り、まったく平穏な国民のなかで、ついには色あせてしまったのである[4]〉。

芸術作品は、いろいろな文化の価値を計るよい規準となる。というのも、それは純粋な表出だからである。またそれが、文化価値の証拠となるものであることも否めない。そこには、重要なものがすべて表わされている。そこで無視されているものは、とるに足らぬものである。ここから彼は、戦争というものがすぐれたものであることを言おうとした。〈それゆえ私が、戦争こそ一切の芸術の基礎である、という時、私は同時にいま一つのことをいいたいのである。すなわち、戦争は人間のもつあらゆる高い徳とすぐれた能力の基礎なのだ、と〉。

ラスキンは、このような法則のあることに気がついた時、自分でも大きなショックを受けた、と告白している。しかし彼は、この危険なしかも待ちもうけぬ真実に対して、同意せざるを得なかった。事実は如何ともし難いものだった。平和と文明とは一体をなしているという説は、人を欺く決まり文句に過ぎない。平和は、エゴイズムと、不道徳と、腐敗と死とを生むだけである。〈要するに、すべての偉大な国民は戦争のなかで、言葉のもつ真実と思想のうちにひそむ力とを学んだのだ。私が発見したのはこのことである。彼らは戦争からその栄養を引き出し、平和のうちにそれを費消するということを、戦争が彼らを導き、平和が彼らを欺くということを、戦争が彼らを教育し、平和が彼らを裏切るということを、一言でいえば、彼らは戦争から生まれ、平和のうちに亡ぶのだということを、私は発見したのである〉(5)。

このような信条を公言したことそれ自体が、その著者自身に恐れを抱かせたようにみえる。彼は、ガイセリックのような蛮族の行なった掠奪戦争や、スイス人のような平和的人民の行なった偶発的戦争、ナポレオンのような冒険的野心家の行なった戦争を、いそいでその戦争に対する讃辞のなかから除外している。これらの戦争は、墓石を建てるだけのことでしかない、というのである。物事を創造し基礎づけるところの戦争は、人間のなかにひそむ闘争欲と自然に起きるぶつかり合いとを規制し、相互的な一致により、時に死のともなうことはあるとはいえ、壮大な試合のような形へとこれを導く。人間のなかにひそむ生来の野心と権勢欲とを規制し、人間をとりまく悪に対して積極的に戦うよう人間を導く。このような戦争は、人びとが自国の純粋さと尊い諸制度を守るために行なうものであるから、そこでは正当防衛という自然的本能も、神聖なるものとされる。人びとは、このような戦争にこそ呼び求められているのである。このような戦争のためにこそ、人は喜んで死ぬことができるのである。そしてまた、過去の歴史の流れにおいて、人類の最も高い徳性と聖性とが現われたのは、このような戦争の中からであった〉(6)。

不幸にして現在の世界は、もはやこのような戦争を許容するものではなくなってしまった。このような戦争は、有閑階級の大きな暇つぶしであった。平和な仕事にたずさわっていた者は、戦争のなかに、災厄の連続をしか認めなかった。労働しているために広い視野をもてない労働者がそうであった。その他の者は、遊戯者であった。彼らは勤勉な生産者階級を、あるいは狩の獲物のごとく、あるいは将棋の駒のごとく使用した。とはいえこの遊戯は死の遊戯であって、まずはじめには彼ら自身が、その遊戯のなかに身を置かねばならなかったことも事実である。領土あるいは利害に関する争いは、妥協によって処置できるものであり、また処置されるべきものであった。戦闘をすることが要求されまた正当とされたのは、戦争そのものを純粋に好む場合だけであった。歴史と人間の本能とが、一致してこのように判断したのである。戦争の理由とか祖国とかいうものは、ほとんど問題にならなかった。それよりも肝心なことは、ラケットをもったテニスの選手の像を造るよりは、楯と剣をもった騎士の像を造った方がよい、ということであった。同様にして、競馬に金を賭けるよりは、軍馬に乗った方がよかったのであり、盗むよりは殺す方がより立派なことであった。戦争という遊戯は、〈人間の個人的な力すべてを、その極限まで発揮させる。そのなかで、最もよい人間、すなわち、最も巧みな人間、最も私心のないもの、最も不屈なもの、最も冷静なものが、その他のものから区別されてくる。この遊戯は、必然的に死をもって終わる。これこそが、人間を完全な試練のなかにおくための、必要な条件である。しかしそこで必要なものは、腕の強さだけであった。決定を下すものが強力な小銃であり、巧みに調合された火薬であり、勇気と怒りに燃えた民衆であった場合には、すべてが違ってくる。これら近代戦にみられる諸要素は、不義と混乱と殺戮とを増大させるだけであった(7)。

戦争に対して向けられたいろいろな反対の論議は、みな近代戦にしかあてはまらない。ラスキンが、そのことを証明している。機械を用い化学を用いた戦争に反対する彼は、スパルタ人の魂の偉大さを、その冷静さを、訓練されたその力量を、作法にかなった死に方をしようというその心掛けを、高く評価した。彼がこのようなことを力説していることは、いささか人を驚かせるものである。なぜなら、スパルタ人はこのように並はずれてすぐれた民族だったにもかかわらず、それにふさわしい芸術作品を何も生まなかったからである。ラスキンはここで、自分の出発点を忘れてしまったかに見える。しかしそれも、さしたる矛盾とはいえないであろう(8)。

とはいえ彼は、侵略戦争についても言及している。ほとんどの場合、彼はこの種の戦争を不正なまた犯罪的なものと考えていた。このような戦争は少なくとも、その樹立する支配制が穏当なものであり、また純粋な心から発したものでなければならない、と彼は考えた。さてそこで残った問題は、防衛戦争である。近代社会において、兵士という職業は奴隷的職業であった。彼らに要求される唯一の徳は、受動的な服従であった。彼らが強制的に護らされた祖国は、恐らくもはや護るには値いしないような、利におぼれ、汚れきった、堕落した国であった。このような条件においては、彼らが権力を握った方が、よほどましであった。このように堕落してしまった国民に、何らかの偉大さを与えることができるのは、軍事独裁制だけだからである。(9)

以上のような歴史観が、恣意的なものであることは明らかである。一つの民族の好戦的性格とその芸術的能力とのあいだには、右のような恒常的な関係はあり得ない。ただここで明白なことは、ラスキンはその時代に実行不可能とみえた戦争のみを称讃し、その他の戦争はすべて非とした、ということである。さきのプルードンの場合に明らかにみられたところの両義性、すなわち、一方において戦争を熱狂的に神格化し、他方において戦争の可能的諸形態をすべて拒否するという両義性が、ここにも認められる。

三　ドストィエフスキー

それから一〇年後の一八七六年三月、ドストィエフスキーは「逆説的人間」という題のもとに、彼の最初の戦争論を公けにした。彼が主として主張したのは、流された血の価値、ということであった。〈そうだ！　流された血が偉大なのだ。われわれの時代には、戦争が必要である。もし戦争がなかったら、世界は瓦解してしまうだろう。あるいは少なくとも、壊疽にかかった体から流れ出す血膿のようなものでしかなかったろう〉。この場合、彼を戦争にひきつけたところのものは、もはや、過ぎ去った過去に対するノスタルジアという形では現われなかった。現在の現実の戦争が、その諸条件が、現在における その結果が、問題であった。ドストィエフスキーは、戦争のもついろいろなよい面を、注意深く数えあげている。戦争は、人間の偉大さを構成するところの犠牲的精神を高揚するが故に、よいものである。このことをすでに悟っている人類は、この理由により、一貫性のない仕方ではあるが、戦争を好んできた。平和が永く続くと、偽善と無恥が生ずる。平和は人間を、貪欲、凶暴、かつ野卑なものとする。それは名誉を重んずる心を殺し、その外面である言葉と仕ぐさだけを残す。戦争はまた科学や芸術に貴重な刺激を与え、〈それらを呼び起こし、新たなものにし、清新なものにする〉。なかんずく戦争は、社会の老衰を癒すのに欠くべからざる薬である。それはまた諸民族が一つに集う契機であって、たがいに戦いつつ、相手を知り、相手を尊ぶことを学ぶのである。戦争は、偉大な者も卑小な者も、みな同じ条件のもとにおく。戦争は卑小な者に対して、彼自身のうちにひそんでいる尊厳を取りもどさせる。ところが金と権力の支配する社会では、彼の尊厳は絶えず嘲弄の的となるだけである。戦争においては、すべての人間が、ヒロイズムの前において平等の立場におかれる。こうして戦争は、最も哀れな者に対しても、そのうちのひそむ尊厳をおもてに表わす機会を与える。戦争は哀れな者を偉大さへと導き、彼が自らの尊さを知ることを可能にする。大衆をそのみじめな状態から救いだすことのできるのは、この戦争だけである。(10)

一年たって、トルコとの戦争のうわさについて語りながら、ドストィエフスキーは三回にわたってこの問題をとり上げた。この時、彼はもう自分の考えに、逆説的人間の説という衣をかぶせることはしなかった。彼は自分の名前で語っている。たまたま起こったこの抗争の意義について、民衆が熱烈な支持を示したことについて、彼は大いに満足していた。彼がこれを喜んだのは、〈トルコ人にしいたげられたスラブ民族の兄弟たち〉のためを思ったからばかりではない。彼は戦争が、その時の精神的雰囲気を一新することを期待したのであった。〈いきいきとした生活が、再び始まるのだ〉、と彼はいう。彼は、まえの年に平和の害悪について行なった主張を、ここでまたとり上げている。ここで彼は、いわゆる品のよさというものがどんな意味をもっているかを説明しながら、いいかえれば、品のよさというのは異常なもの、気まぐれなものを好むことでしかなく、それは繊細な魂を持った人びとを怯懦な残酷さへと導くものだということを説明しながら、この平和の害悪について述べている。〈これら快楽におぼれた人びとは、自分の指から血が流れるのを見ただけで気絶しそうになる。それにもかかわらず、彼らは哀れな小悪人を許すことはせず、とるに足らぬ借金を理由にして、これを牢のなかに封じこめて殺してしまう〉。それればかりではない。平和のなかで生まれて来る戦争の動機は、みなくだらぬものである。市場獲得のための経済抗争、持てる者のために新たな奴隷を集めるための経済抗争等がそれである。このような戦争は、平和の屑ともいうべきものであって、これは人民を堕落させる。それにひきかえ、高尚な理由により、意志的に企てられた戦争は、〈魂を癒し〉、諸国民の和を強固にし、民衆との一体化を可能にする。(11)

＊

これら最初の三人の予言者たちが戦争を称揚しているあいだに、戦争は第二の変革をとげ、また別の形のものとなった。この変革は技術的なものであって、政治的なものではなかったが、その結果は最初の変革の成果とあいまって、戦争を全体戦争へと近づけるものであった。

第三章　全体戦争

一九世紀は戦争が聖なるものとなった時代であるが、その全体を通じて戦争の時代だったというわけではない。もちろん、クリミア戦争、一八六六年の普墺戦争、一八七〇年の普仏戦争等があったけれども、これは短くて限られたものであった。そのうえこれらの戦争は、フランス革命や帝政時代の戦争と、ほとんど異なるものではなかった。むしろ古い型に戻ったようにさえ見える。ともかく、戦争のなかで軍需資財の果たす役割は、まだ大きなものではなかった。これが大きな役割を果たすようになるのは、工業がもっともっと発達してからのことである。新兵器もあまり用いられなかった。兵員数の大部分は、まだ職業的な兵士によって占められていた。（徴兵制度は原則としては存在していたが、実際に行なわれてはいなかった）。一般に、勝負ははじめのいくつかの戦闘が行なわれた段階で、すぐ決まってしまった。それ故、国民の所有するあらゆる資源をつぎからつぎへと全部動員しなければならぬような消耗戦を、行なう必要はなかった。一八六六年の普墺戦争は、七週間つづいた。そこで使用された弾薬は二百万発にすぎない。これを動員された兵士一人当りになおすと一人七発、したがって一週間に一発、という計算になる。まもなく時代は変わっていった。

一　戦争の新次元

軍事歴史の研究家によれば、新しい時代は一八七五年ごろ始まったといわれる。銃砲が決定的に改良されたのは、まさにこのころであった。

すでに一八七〇年の戦争の際、交戦国は両者とも、遊底によって弾丸を装填する旋条銃をはじめて使用した。この事実に大いに驚かされたフリードリッヒ・エンゲルスは、素朴にも、もうこれ以上大きな改良を加える余地はない、と考えた。〈兵器がここまで進歩してしまったからには、これ以上の変革ができるような力をもった何らかの新しい改良をしようとしても、もはや不可能である。大砲は目のとどかぬほど遠方の部隊を砲撃することができ、小銃は同じように遠くの一人の人間を標的とすることができる。この銃に弾丸を装填するには、狙いをつけるほどの時間もかからない。このような兵器が現われた以上は、平野戦にこのうえさらに何かの工夫を加えようとしても、ほとんど無意味であろう。実のところこの分野に関する限り、進歩の時代は終わってしまったのである〉(1)。

またこれから軍事費が増大していった場合、遠からず国家の財政はこれをもちこたえることが出来なくなるといってよい、と彼は考えた。徴兵制度が確立され、軍需資財のための出費が大きくなり、隣国が軍備に力を入れればそれと同等の軍備を持たねばならないこの状態において、国家が遠からず破滅に追いこまれるのは明らかであった。〈軍隊は国家の主要目的となった。いや目的そのものとなってしまったのである。そのためもはや人民は、兵士を補充し、兵士に食糧を供給するだけの存在となった〉[2]。このような条件においては、国家は数年を出でずして、おのれの行き過ぎのために亡ぶであろう。エンゲルスはこう考えたのであるが、事実によってこれほど無残に裏切られた予言は他になかった。エンゲルスがこれを書き記した一八七八年から一九一四年に至る何十年かのあいだ、国家は軍備競争をつづけるために、ますます大きな出費を背負いこまなければならなかった。にもかかわらず、それはただ一度の財政破綻もひき起こしはしなかった。それとは逆にこの戦争準備行動は、ある種の経済問題を解決するのに役立ちさえしたのである。一方、戦闘の諸条件とその技術は、エンゲルスが想像したような最終的な完成に達したどころか、工業の進歩の結果さらに進んだものに変わっていった。

連発銃の出現により、射撃の間隔はさらに縮められた。機関銃が用いられるようになると、歩兵の戦術は根本からくつがえされた。同時に射撃の精度と射程は、鉄鋼生産の進歩と火薬化学の進歩とによって、さらに増大した。機動力が用いられるようになって、砲兵は大きな行動力を持つに至った。騎兵は廃止されて、装甲車輛が出現した。兵員と弾薬の輸送、大砲やその他自動火器の弾薬消費量、といった問題が、だんだんに、参謀本部の第一の関心事となってきた。軍事教練も、自己保存本能によりひき起こされる逃避という反射運動を捨てさせて、服従という反射運動を習得させるものとなった。この服従の反射運動そのものも、改良された技術のおかげで、まったく機械的なものとなってしまった。技術というものは、〈生物のもつ恐怖と逡巡に対して、いつも勝利〉をおさめることができる。さらに技術は、新兵に対して、より殺人的でより複雑な兵器の操作を教えることを要求した。このような兵器は、それを考え出し、造りあげ、その必要とする弾丸を造るために、ますます多くの労働時間を要求するようになった。一九一四年フランス軍参謀本部は、七五ミリ榴弾の生産を、日産一万三六〇〇発と見込んでいた。ところが戦争が始まるとすぐ、これに対する需要は五万発となり、それが一九一五年一月には八万発、同年九月には一五万発となった。また、戦場において一軍団の火力を維持するためには、五万人の労働力が要ると考えられていた。それゆえ、一六〇万人の労働者を雇い入れなければならなかった。一九一七年、イープル（六）における第三回目の戦闘の際、その準備砲撃は一八日間続けられた。その際発射された砲弾は四二八万三千発で、その総重量は一〇万七千トンにのぼった。この戦いに勝った連合軍は、一一五平方キロの土地を奪いかえしたが、そのためには、一平方キロ当たり死傷者八千二二二人という犠牲を払ったのである（3）。

政治革命は、新しい戦争の道具をもたらした。〈数百万の軍隊〉、がそれである。しかしこれらの兵士は、まだ一八世紀の武器をもって戦っていた。ところが産業革命は、これより一〇倍も強力な戦闘手段を彼らに与えた。そしてこれらの戦闘手段は兵士のために、国民の全エネルギーを動員した。ここにおいて戦争は、全体的といいうるものとなったのである。

全体戦争という言葉は、まず第一に、戦闘員の数が動員可能な成年男子の数に接近する、ということを意味する。第二にそれは、そこに使用される軍需品の量が、その交戦国の工業力を最大限に働かせたときの生産量と等しい、ということを意味する。

このように見てくると、そこで個人の果たす役割がますます小さなものになってくることがわかる。

個人は消え去ってしまう。武功をあげる時代は過ぎ去った。もはや兵営の退屈さをかこち、訓練の単調さをかこつことしかない。そしてここで戦闘の性質そのものが変化する。そこで問題となるのは、もはや勇気ではなく、抵抗と規律なのである。全般的な生産の能力と勝とうとする集団的な意志とが、可能的な勝利の決定的要素となる。

ここで問題となってくるものは、二つの軍団の衝突であり、厖大な数の兵士の長期にわたるにらみ合いであり、大砲の数でありその口径である。このような状況においては、個人という尺度に則したものは何もない。砲火の強さが、事を決定するのである。個人の果たす役割は、この運動している巨大なメカニズムのなかの、いつでも交換できる小さな歯車としての位置を、終りまで守ってゆくことでしかない。戦争は、遊戯としての性格を捨て、規則通りに行なわれる儀式としての性格を失った。むかしの戦争は、一人びとりの戦いの総和にすぎなかった。そこには勇気と品位とがからみ合い、侮辱的な挑戦と立派な作法とが生まれ、傲慢と礼儀とが隣り合っていた。しかし、これらのものはすべて消滅してしまったのである。

技術の進歩、政治構造の変化、中央集権制の強化、こういった要素が戦争の諸条件を、ますます大きく覆していった。二つの巨大な物体が、たがいに自分の重量全体で相手にもたれかかり、ほとんど動かずに均衡を保ちながら、相手を押しのけようとする。あたかも二頭の雄牛が頭と頭とを押しつけ合って、相手に膝をつかせようとしているようなものだ。一九一四年、戦争はこのようなものと思われていた。それは〈不動のなかの痙攣〉であり、〈筋肉と筋肉とがぶつかり合って生まれた緊張〉(4)であった。一つの国民がその総力を鋼鉄と殺力にかえ、それをもってぶつかってくる時には、果てしなくつづく戦線をはさんで相手方の国民も、その全資源と全人力を投入してつくった堅固なまた殺人的な防塞をもって、これを受けとめたのである。このような戦闘に投入される兵員は、百万を単位として数えねばならぬとさえいわれた。このようにして集められた、一人びとりの見分けもつかぬ密集した大軍は、魚やイナゴの大群にも似たものであった。一人一人の兵士はそのなかに呑みこまれ、見分けのつかぬものとなってしまった。(5)

二　全体戦争の倫理

このような諸条件のなかで英雄とされるのは、もはや武勇をもってその名を轟かせた者のことではない。それは無名の兵士、いいかえれば、自分を無にすることをよく為し得た者、彼がどこにいたのか探し求めてもその痕跡さえないような者、をいうのである。人びとの尊敬はそれ以来、最も哀れなる者、すなわちその身体が最もひどく破壊され、もとの形をとどめぬまでになってしまった者に対して、捧げられるようになった。このような兵士の顔は、もはや人間の顔かたちを保ってはいなかった。むかしのおもかげをとどめるものは何とてもなく、如何に記憶をたどってみても、かつてのおもかげを思い起させるものではなかった。そしてかくなることこそが、彼の唯一の徳だったのである。

無名ということが栄光に満ちた称号となるに至ったこの過程は、着実に一貫性をもった、まことに意義深いものであった。勇気、率先、大胆、犠牲的精神といった勇者一人びとりの徳が、各国において、不幸な兵士のために書き印された。これら不幸な兵士は、きっと平和的な、あるいは臆病な者だったかもしれない。ところが彼らは、もはや人間としては扱われず、他の人よりもより完全に費消され、自分が自分たることをさえ放棄してしまったというこの有利な事情の故に、かくも尊ばれることになったのである。ばらばらに引き裂かれたその遺体は、あとでそれを寄せ集めてみたところで、他のいくつかの死体の破片がそこに混じっていぬものかどうか、もはや知るよしもなかった。遺体の引き渡しが、誰彼の意志や考えにより行なわれることのないようにするために、これらの遺体はくじ引きにより引き取られていった。このような兵士が最高の崇敬を受けるようになったのは、正義の故でも、勲功の故でもない。この無名兵士の死後の運命を、まったく不正なしかも壮大な仕方で決定したものは、ほかならぬ、彼に死と悲惨とを課したところの、この偶然そのものであった。

人びとがこの無名の兵士のために、所々方々に記念碑をたて、〈この戦争に参加したすべての国民の心情のほとばしるところ〉、とそこに印したこともうなずける。(6) 何の目立つところもなく、生きては長蛇の兵列のなかにあって、見分けることもできない一兵士にとどまり、死しては死肉の山のなかに見分けもつかぬ肉片となったこれら無名兵士の栄光は、武功に対して与えられたあらゆる名誉や、世にも稀れなる諸徳に与えられたあらゆる名誉にもまして、光り輝くものであった。彼らは人より上に出ようとはしなかった。目立とうともしなかった。同じ軍服を着けていても、なお彼らの名前と姿顔形は、それぞれみんな違いがあったが、彼らはこのようなぎりぎりの区別さえも失なってしまった。そしてその故にこそ、彼らは選ばれた者であったのだ。そして運命は、彼らのうちからある者を選び、その顔をそれと見分け難いまでに破壊して、全人類の苦痛の超個人的な表情を、すべての人に示したのである。

このような変化は、英雄的戦争の終わりを確定したものであった。戦闘はもはや騎馬試合ではなくなり、恐れを知らず、非のうちどころなき英雄に対し、冠を与えて讃えることもなくなった。それは大衆の問題となった。ここで求められるのは、立派に勝つという栄光ではなく、とにかく勝つ、ということだった。人びとは、犠牲をなるべく少なくして勝つことを求めるようになった。かつての戦争は、決められた作法どおりに戦うことを第一と心がける、勇者の行なうところであった。けれどもこのような貴族的な抗争の形態は、もう戦争のなかには見られなくなった。勝負に賭けられているものが部分ではなく全体であり、一国民そのものの存亡が問題となり、戦争に加わることのできるすべての人間がそこに投入されることになると、むかしのような優雅さを期待することは不可能である。戦闘は、慈悲も容赦もないものとなった。

ところで、ここに一つの奇妙な転換が起こった。むかしは尊敬する敵に対しては、欺瞞や悪意を含んだ行為はつつしんだものであったが、かえって尊敬する敵に対してこそ、このような行為を行なうようになった。そして軽蔑する敵に対しては、これを欺くことをいさぎよしとしないようになったのである。[7] 対等の敵を欺くことは、まことにもっともなこととされた。このような敵に対して守るべき規則とは、何をしても構わない、ということであった。そこでは詐欺が奨励され、裏切りを如何ほど働いたとてこれを禁止することはなく、利を得るためなら何をしようと構わなかった。大体、戦争のなかで詐術を用いなかったためしがあるだろうか。策略はつねに勇気を助け、要撃はいつも正面攻撃と表裏一体となっていた。アキレスも、オデュッセウスの助けを稀れにしか断わらなかった。とはいえ、勇気はいつも名誉あるものとされてきた。勇気によって得られた栄光といっても、首尾よく勝って得られた栄光から、武運つたなく亡びた者におくられた栄光までいろいろあるが、どれもみな、詐術によって得られた勝利の栄光よりは、もちろんはるかに尊いものとされた。少なくとも、相手が持てる限りの手段を使うことを許さぬようなやり方は、ほとんど称讃されなかった。

近代の理論家は、この点について違った考え方を持った。その一人は、つぎのように書いている。〈むかし法というものがほとんどなかった時代には、事を決するものは暴力であった。ところで今後、国家はその独自の方法で、この暴力と詐術とを、併せ用いる方法を考えだすであろう。新時代の法の目立った特徴は、ある種の暴力を自由に行使してよい、ということである。この暴力は、その場の必要に応じて詐術ともなるが、ひとたび合法化された場合には、利己主義と理想主義、誠実と偽善、残虐と打算、等の奇しき混合物を生み出す。しかしこれとて、いってみれば、早い時代から商人を育ててきたところのいろいろな資質を、昇華したものに過ぎない(8)〉。

もはや戦争は、戦争でしかなくなってしまった。かつては予感されていただけのその絶対的形態が、ここに実際に現われたことについて、人びとはかえって満足した。いまここに戦争は、そのすべての美学的、道徳的な浮遊物を取り去った、純粋な形で現われたのである。他の小さな懸念にわずらわされることなく、勝利のみを目ざし、敵を撃滅することのみに専心するようになったのである。戦争をする者は、あらゆる手段を用いることができる。そして、その持てるすべての力を用いなければならぬ。有効なものは、すべて正当とされる。敵は大いに尊敬するにしても、戦いそのものはますます容赦なきものとなる。こちらがわざと有利な条件を与えても、誇り高い敵はそれを利用することもあるまいと、むかしはこう考えたものであった。しかし、敵はいつでもいくらでも有利な条件を持てるに違いないと考えられるようになった現在、そのようなことをする者はなくなった。要するに、相手の誠実さを信ずるよりは、待ち伏せを食わぬよう注意することの方が重要だ、と人は信じているようである。ともかくも、こうした方がずっと安全である、と人は考える。徳のうちにも経済感覚が入りこんできたこの期に及んでは、徳というのは、なるべく身を危険にさらすことなく、なるべく多くを得ることである。作戦は、それが多くの利をもたらすように見えるものであれば、それでよい。そうすれば、人はこれをよい作戦、立派な作戦とみなすのである。

第四章　戦争への信仰

戦争が絶対的な形態をとるようになったことは、戦争を讃美し予言する者たちの予想を裏切ることにはならなかった。むしろ逆にそれによって、彼らの予言はさらに激しいものとなっていったように見える。進歩してゆく戦争に追い越されぬようにするために、懸命に強い主張をかかげ、激しい考え方を述べたのだ、ともいえよう。彼らが戦争に対して寄せる信頼は、無条件なものとなった。彼らはもう、戦争のもたらすこれこれの結果がよいのだ、などといって戦争を讃えることはしなくなった。戦争そのものを、彼らは是認したのである。

一　ルネ・カントン

一九三〇年パリにおいて、ルネ・カントン(七)という生物学者の残した『戦争についての箴言』という本が、死後出版された。一九二五年に死んだ彼のこの論集は、平凡なもので一貫性にとぼしく、ふとしためぐり合わせからある方面でやがて知られるようになり、特殊なものと評価されるようにはなったものの、もしそうでなかったら、無価値なものと判断されていたに相違ない。彼はこの書のなかで、箴言の形を借りて戦争を称揚し、愛や宗教を引用していろいろな比較を行なっているが、それによればこの著者は、明らかにそして意識的に、戦争を聖なるものの現われと考えていたと思われる。

カントンは戦争を、男性の自然な状態と考えた。母性が女に対して精神的な美しさを与えるように、戦争は男に精神的美しさを与える。自己保存本能とは、〈戦って死ぬべく生まれた存在〉を、戦闘の場まで生きたまま連れてゆくためのものに過ぎない。この場においてはじめて、人間は自分自身に出会い、その諸々の徳が輝きだす。〈戦争の人間に対するは、滑らかな水面の白鳥に対すると同じである。すなわち、その美の現われる場なのである〉(1)。戦争の苛酷さが人間の神聖さを培い、それがすべてに高貴さを与える。〈人はそこにおいて、貧しさの故に卑しめられることなく、虚栄はここにその座を持たない。魂は義務を全うすることにより安らぎ、人との出会いに無意義なるはなく、人間はみな、はらからである。げに戦争は、黄金の時代である〉(2)。戦争は人間に宗教的感情を与え、すべてのものを遠く離れた小さなものにみせる。それは魂を癒し、分配の公正といったようなけちくさい考えを遠ざける。なぜならば、母性がそうであると同様に、戦争は愛他の精神を学ぶ場であるからだ。戦争のそとに置かれた人間は、〈小さな汚れたもの〉でしかない。また戦争は、共同生活という、人為的な義務を人間に課する。戦争が人間を満足させるのは、そのためである。〈日々の単純な生活、昨日もなければ明日もない。これが戦争の幸せである。拷問のように人を苦しめるいろいろな目的、人前に外見をつくるための気苦労、不平等の苦しみ、社会的地位の不公正、努力する者の孤独、誰の助けもなく行なわねばならぬ闘争、問題解決のための労苦、自己の使命に対する疑惑、如何なる努力、如何なる勇気によっても満たすことのできぬ欲望、つぎつぎと現われる誘惑、一向に変わらないこの平々凡々たる現状、こういったいろいろな社会的束縛は、すべて消え去った(3)〉。

文明は、ただ単に堪え難く、人を堕落させ、汚れているばかりではない。それは人類にとっての、ある重大な危険をあらわしている。それは受胎を制約する。男の欲望を満足させるだけで、子孫をふやすことのできない女がふえつつある。さらに文明は、生きるに値いせぬ多くの男を、死の手から救い出す。文明は男を柔弱にし、彼が当然抱くべき憎しみを弱め押し殺してしまう。いずれにせよ、文明が殺人を禁ずる法によりこの憎しみを制約したため、この憎しみはその効果を充分にあらわすことができなくなってしまった。ところが実は〈人を殺す男こそ、世界を救うものなのである(4)〉。さらにここで知性というものが介入し、人間がその種族に対して果たさなければならない義務から、人間を引き離す。知性は人間を利己的な幸福の追求へといざない、この幸福は人間の内にある自然の聖なる声を封ずる。戦争は、物事をその永遠の秩序に立ち帰らせるものである。

祖国の呼び声は、囚人の心をさえも揺り動かす、とカントンはつづける。それは、苦しみに泣く子供の声が女を動かすよりも、なお激しいものである。だとすれば、国民を救うこと以上に重要なことはない。したがって、これを護るためにはすべてが許されるのだ。ここで法的な規則を持ち出してきても、意味がない。民衆のあいだに存在するのは、ただ一つ、獣の法だけである。さらに、敵を理解しようとするのも、無益なことである。敵は憎むべきものでしかない(5)。熱情がすべてを決定する。〈愛を職業とすることができぬように、戦争を職業とすることはできない。それゆえ、国民的軍隊を母にたとえれば、職業的軍隊は自分の身を売る女である〉[6]。哲学者が戦争に対して、政治的理由や経済的理由を探し求めるのは間違っている。なぜならそれは、愛を役得ずくの結婚に還元してしまうのに等しいからである。人間は、論理によって戦争をするのではない。人間が戦争をするのは、それが自然の法則だからであり、戦争が人間を変容させるからである。たとえてみれば政治とは、保険証書をつくることに等しい。戦争の偉大な点は、〈このような保険契約を破棄して、人間をその運命に直面させるところにある〉[7]。

戦場は聖なる場所である。人間はそこで、自分が新しい真実に近づきつつあるのを感じる。そこで人間は、大聖堂のなかにおけるような静寂と無限とを知る。〈戦いの最前線においては、すべてが恐れであり、神秘であり、魅力であり、享楽である。初恋は魂を虜にするが、戦争が魂を虜にすること、初恋に劣るものではない。敵との接触は愛の接触である。休戦中の最前線は、眠っている女に等しい〉[8]。

この雰囲気は雄性に対して、無限というものについての意味を吹きこむ。雄性は、自分が犠牲となるためにつくられたものであることを悟る。雌性が子を産みたい誘惑にかられるように、雄性は死にたい誘惑にかられる。彼は、他の何物も与えてくれないような心の至上の高まりを知る。偉大な時代を画するこの殺戮に、諸国民のあいだで行なわれるこの偉大なる流血の遊戯に、参加したい欲望にかられる[9]。

戦争を絶えず性的試練と同一視しようとするこの生物学的な考え方においては、近代戦争の諸々の条件が奇妙にも無視されている。近代の戦争はどう考えても、よりよい子孫をつくる者のためにひ弱な者、月足らずの者を取り除くための、優性学的競争のようなものではまったくない。よりすぐれた者の生存に益するためとはいうも愚、それは弱き者も強き者も無差別に抹殺してしまう。それどころか、より勇敢な者は最もその危険にさらされている、といってよいだろう。第二に、祖国への忠誠というものは、種族への奉仕とは全然比較することのできないものである。種族には国境などあり得ないからである。そしてさらにこの著者は、戦争の無償で絶対的な価値という彼の考え方と、彼の愛国的な熱情とを、うまく嚙み合わせてはいない。

このような矛盾は、他の戦争擁護論者のうちにも見られたものである。それより重要なのは、一九世紀に現われた戦争擁護理論とカントンの理論がどんな点で異なるかということを、指摘することである。ジョゼフ・ド・メーストル、プルードン、ラスキン、およびドストィエフスキーは、戦争がいろいろなよきものの源であるとして、戦争を礼讃した。戦争は名誉を、芸術を、文化を基礎づけるものである、と彼らはいう。戦争は文明を進歩させ、いろいろなものを生むと信じているからこそ、彼らは戦争を称揚する。これに反してカントンは、戦争が文明を破壊し、人間を自然のなかにある粗暴で単純な法則に戻すというその故に、それを重要視したのである。

戦争そのものと同様、戦争擁護論も目的を超越したものとなった。もはや戦争の価値は、平和の価値との対比において称揚されるのではなくなった。戦争から生まれると考えられるこの平和の価値との対比において称揚されるのではなくなった。平和に何らかの価値があるとすることそのものが、否定された。もはや、戦争があることそのものに満足し、それが世界を荒廃させ、人を抹殺することそのものに、人は満足したのである。

このような自然への回帰は、ルネ・カントンにのみ特有なことではなかった。戦争についてのいま一人の理論家であるエルンスト・ユンガーのうちにも、これと同じものが見られる。この回帰は戦争の促進に通ずるものであった。促進された戦争が非常な広い範囲に広がり、文明を支配するものとなるに至ったことは、現にわれわれの見るところである。

二 エルンスト・ユンガー

その出発点においてユンガーが認めていたことは、受動的に戦争に呑みこまれてしまうよりも、陶酔してこれに参加した方がよい、ということであった。弟のフリードリッヒ・ゲオルグがその詩のなかで、きびしい韻律をもって機械戦を謳歌していたころ、彼は一九二〇年、精鋭部隊の将校として自から経験したところの体験を物語った。『鋼の嵐のなかで』という本がそれである。その後の二作『火と血』(一九二六年)と『労働者』(一九三二年)のなか、とくに後者のなかでユンガーは、近代的戦争が〈人間にとって、技術的な、抽象的な、無人格な、如何ともし難い〉ものであることを、少しも隠そうとはしなかった。それどころか、彼自身がこの戦争の無慈悲な法則を甘んじて受け入れている以上、戦争は彼にさからうものではまったくない、と彼は考えた。戦争が一つの巨大な死の工業として現われる時、戦争が人間に対して要求するのは、人間自身が〈一種の武器となり、一種の精密機械となって、壮大にしてしかも残酷な秩序の支配するいとも複雑な全体のなかで、その決められた地位を占めることである[10]〉。

このような秩序をそっくり受け入れることのできる人間は、偉大なものとなり、その真の自由を見出す。人間にとってこの真の自由というのは、ある崇高な行動に全面的におのれを捧げることにほかならない。個人は大衆のなかに吸収され、はなはだきびしい規律に従わなければならない。そのために、人格は消滅し、人間は国家の手中にある単なる道具にすぎなくなってしまう。

カントンとは逆に、ユンガーは戦争の技術的な面を無視しなかった。いやむしろ、人を殺す弾丸よりもさらに徹底的に戦闘員を抹殺するようにみえるところの、戦争のこの技術的な面をいっそう強調している。そして将来については、戦争がさらに機械化することを、また戦争がさらに恐ろしくきびしいものとなることを、予見し先取していた。ところが彼にとっては、これがまた一つの新しい大きな喜びの理由であった。『内的経験としての戦闘』という作品は、彼の著作のなかでも最も明解なものであるが、この作品のなかに息吹いているのは、壮大な暗黒に満ちたえもいわれぬ熱狂である[11]。戦争は決定的な啓示として描かれている。それは、存在の全的形態にほかならない。そのまえにあっては、一切のものがその色を失ない、消え去ってしまう。戦争によってのみ人生は、その本当の様態、すなわち〈神々を喜ばしめるところの崇高にして血みどろな遊戯[12]〉という様態を得るのである。戦争は時間の上にそそり立ち、科学や芸術よりもより深い深みから、ほとばしり出たものであり、より高い証しであって、純にして正、また豊かにしてしかも強烈なるものである。大戦争というこの華麗なる出来事は、連綿とつづく歴史の横糸を司っているところの、永遠なる力をあらわにする。……これらの大戦争は時としてまったく冷淡な面持ちをとり、戦争のまえに置かれた人間が至高なる意志の道具にすぎないことを示す〉。ピラミッドを築いた王者の夢も希望も、その誇りも、そしてそこに働いた者の苦しみも、何も残ってはいない。ただ、石の集積があるばかりだ。大戦争はこの石の集積と同じように、〈あらゆる感情を超越した〉、おごそかな決断の力を証しているのである。

人間は戦闘のなかに、歴史の華麗にして永遠なる記念碑を認める。人間はこの記念碑を汚すことなどできるものではなく、ただ身をふるわせながらその前に頭を垂れるばかりである。そしてこの偉大なる記念碑は、現在戦争を行なっている者に対して、高らかに宣言する。〈イッススの戦いにおいて、一人の兵士がその血のしたたる傷口から引き抜いた槍の穂先は、現在のわれわれにとって、一世代のすべての人びとが蒙る一切の苦痛と拷問にまさるとも劣らざるほどの、意味を持っているのだ[13]〉、と。

こうなってしまったからには、戦争はもはや自分自身以外に目的を持つものではない。戦争はその全体において、秘蹟であり恍惚であり、象徴であり秘密である。このような高い見地より見れば、侵略はおろか勝利といえども、もはや物のかずではない。人びとが戦争のうちに期待するところのものは、各人が生と人格との本質を見出すことができるような、ある種の存在の変革である。戦争は戦う者をつくり上げ、戦う者を白熱した存在にまで高める。戦う者はそこで費消され、そのまばゆい光に目のくらんだ造物主となる。〈戦争はわれわれの母であるばかりではない。それはわれわれの子でもある。われわれを創りだしたのは戦争であるが、戦争を生んだのはわれわれである。われわれは打ち鍛えられ彫り刻まれてできた鋼の部品である。しかし同時に、これを鍛える槌を振るい、これを彫り刻むのみを振るったのもわれわれである。われわれは、火花を散らす鋼であり、同時にこれを鍛える鍛冶職である。われわれ自身の苦悩を生きる労働者であり、われわれ自身の信念に殉ずる殉教者である[14]〉。

戦争の来臨は、真実の顕現にほかならない。戦争は、一切の虚偽、外見、欺瞞を抹消する。戦争は、人間の行なう無言劇に一時終止符をうつ。原初的な諸々の力が噴出して、文明という脆弱な上塗りは苦もなく破り裂かれる。仮面は落ちる。時を経て変らぬ数かずの貪欲が台頭する。〈この狂宴のなかに、つつしみをかなぐり捨てた人間が、そのほんとうの姿を現わす。社会と法とによって永いあいだ抑えられていたその本能が、ふたたび本質的なもの、聖なるもの、至高の理由として現われる〉[15]。ひとたびこの深奥にある粗暴さにたち帰った人間は、一撃のもとに仕来りや慣習を打ち砕く。このようなものは、もはや〈乞食のつぎはぎだらけの襤褸〉にすぎない。一方、〈魂の底にひそんでいた動物性が、神秘的な魔物のように躍り出る。それは一切を灰燼に帰する火焔のように噴出する。それはまた、群衆をいや応なしに酔いしれさせてしまう脱魂状態のようなものであり、また、万軍を支配する神のようなものである〉。こうなってくると、石器時代の昔から行なわれてきた武器の改良が一体何であろう。戦う者たちが用いる武器により、殺戮の技法は異なるにせよ、殺戮の欲望はまったく同じものでしかない。もちろん爆薬そのものは、自分では動けない、盲目的な、人語を解さぬものである。けれどもそれは、永遠に変わらぬ殺すという意志の、いまの世における現われにすぎない。〈幾世紀もまえから、文明の流れにのってこだましてくるこの吐息〉、〈おのれを認めたときのこの叫び、恐怖の叫び、血に飢えた叫び〉。

戦争をする者はまた、堪え難い圧迫から解放された自分を感ずる。そこには、恋の享楽にも似た血の享楽がある。〈陰気なガレー船の上に赤い帆がかかげられているように、戦争の上には血の享楽がただよっている〉。突撃の時を待つ兵士の体は、激しい恐怖のため硬直する。恐怖が彼をとらえ、自分の体が破粋される予感が彼をさいなむ。けれどもすぐこの恐怖は、おのれを示したいという欲求により一掃される。やがて、戦闘が霧を吹き払う。人間は、その最古の故国に戻った自分を見出す。忽然として目ざめた凶暴性は、人間をその存在の極限にまで押しやり、人間に対してその持てる意志と力とをことごとく濫費しつくすよう要求する〉。

機械はだんだんに、物を破壊しようという熱意を充分に実行しうるものになっていった。機械とは、〈民族の知性が鋼鉄のなかに流し固められたもの〉[16]のことである。機械によって、個人の力は無限に増大されたが、その一方、個人の役割と重要さはぐんぐんと小さくなった。けれども、機械を造るのは人間であり、それを設置するのも人間であり、それを使用するのも人間である。そしてこの機械のうしろには、現代国家という厳密でしかも飽くことを知らぬ一つの機構が、またその冷厳な方針が、広大な工業地帯が、発明に熱中する研究所が、死の機械を果てしなく組み立てる幾千とも知れぬ労働者が、かくれているのである。

このような機械のごとき精密さをもって、ただ一つの恐ろしい計画にすべての人間とすべての道具がことごとく従属してしまうという現象は、ユンガーにとっては、まだベールの向こうにかくされている一つの美の前兆のごとくにみえた。しかも彼は、この美のもっている完全なまでのきびしさに、すでに酔いしれてしまっていたのである。やがて戦争に魅せられた戦争信奉者たちが戦争を、〈自己の存在の正当化のみを求める壮大な蘭の花のごとく〉[17]見る時がくるであろう。さきの現象は彼に対して、このような時のくることを告げていたのである。

戦争の奴隷とならずに戦争を生きるすべを知った者は、戦争の〈無慈悲なまでの壮大さ〉をよく評価することができる。技術は戦争を、さらに進んだものとしてゆくであろう。ユンガーはその理由をはっきりと明かしてはいない。けれども、彼があげるであろうところの理由を、彼の態度から引き出すことは、難しいことではない。現状において抗争の諸々の条件は、科学の進歩、国ぐにの大きさ、その生産能力、政治構造の強固さ、イデオロギーの対立、等によって規定されている。そしてこれらの抗争の条件は、絶えず戦争を法外なものにしてゆく。戦争に非人間的な激しさと広がりを与えるのも、これらの条件である。それはまた戦争に、得体の知れぬ、盲目的で、組織的で、残酷かつ不均衡な容貌を与える。個人はこの容貌に接するとき、個人というものが如何ともし難いまでに無意味なものであることを、納得せざるを得ない。

戦争のもつこのような性格は、つねに戦争礼讃の理由とされてきた。戦争が人間と同水準にあったあいだは、戦争を神格化しようとするものは一人もいなかった。けれども戦争は、人間を訓練し、人間を押しつぶすようになり、人間は巨大な機械に対して何の手出しもできず、この機械はその量と理解不能なまでの複雑性によって、人間を呆然とさせるまでになった。この時に至って、鋭い宗教感覚をもつ人びとは戦争を、一種の形而上学的な高みにあるものと考えるようになった。戦争は時のはじめ以来この世界全体を、この高みから司ってきたのだ、というのである。ユンガーはこの著作の終りに当たって、つぎのような信念を披瀝している。〈戦闘というものに向かって、諸々の力が絶ゆることなく展開してゆくという、この事実をまえにするとき、一切の営為が消え失せ、一切の思考がその価値を失なう。人はそこに、世界の根本原理をなすところの、ある不可思議な力の現われを認める。この力は、これまでつねに存在し、これからもずっと存在するものなのである。人間が存在しなくなり、したがって戦争もなくなってしまったずっとずっと後までも」[18]。

ユンガーのこの著作の結論は、以上のようなものであったが、同時にそれは、戦争の恐怖そのものが引き起こしたこの眩暈を、極端な形で現わしたものであった。カントンが述べたような説や、ユンガーが謳歌したような熱意は、時代の傾向によく合致したものであった。そのころ樹立されたいくつかの体制が、あからさまにこれを援用しているのはそのためである。戦争を謳歌するこれらの声は、もはや、何の力もなく聞く人もない逆上した者の声ではなかった。これらの言葉を採用し、民衆に対して決定的な試練を受けるべく効果的な準備をさせようと努力したのは、国政に責任をもつ国家の首脳たちであった。すでに平和の時代から、彼らは自国の国民を、巨大な塹壕陣地へとつくりかえ、早くも軍隊的規律のもとにおいてしまった。もはやそこには、来たるべき戦争において必要とされるもの以外は、何物もなかったのである。

第五章　戦争　国民の宿命

一　戦争のための政治

全体主義体制が生まれるに至って、戦争は現実に国民の宿命となってしまった。ひとたびこうなってしまうと、戦争は国民のために行なわれるのではなく国民が戦争に奉仕するのだ、というような言葉は、もはや単なる哲学的なテーゼではありえない。戦争は、現実そのものを表わしている。国家は、批判や反対をする余地を少しも与えず、身を引くことはおろか、消極的な態度をとることさえも許さない。国民の諸活動の全体が、国家によって規制され、組み替えられ、順位づけされる。金融、経済、商業、司法、教育、そして余暇さえも、やがて厳しい規制の対象となる。この規制の目的とするところは、政府がこれらの活動を直接その掌中におさめ、国民の戦争手段と闘争心を増大させるために、その全力を用いることができるようにすることである。政治機構は軍隊機構と同じ形をとり、その延長となる。前者は後者から、遅滞不平を許さぬ服従という原則を借りてくる。種々の官公庁の公共的業務は巨大な管理組織にかえられ、そこで人間と資材と労働と知識とが、参謀本部の要求に応じて処理される。このような体制の力となっているのは狂信と時計仕掛けのような組織とであって、これこそが、近代戦にその固有の性格を与えているところのもの、すなわち、熱情と組織である。

ここにおいて、国家の目的と戦争とは完全に結びつく。政府も民衆もあからさまに戦争を求めているのではない、と考えることもできる。とはいうもののやはり戦争は、諸々の制度のなかから惰性として生まれてくるものであり、人の心のなかにしばしば顔を出してくるものなのである。忍耐力と思慮とをかね備えた意志だけでは充分ではない。国民とは、戦争の際における市民の連帯、と定義することができる。法律家は国境というものを、地理、歴史、条約により決められた固定的な線とは考えない。むしろ、機会があれば軍隊の力によって、敵軍の方に押し戻すことのできる、移動可能な線としか考えない。

そうなってくると平和というものは、もはや戦争を準備するためのものでしかない。ドイツ陸軍の公的機関紙『ドイツ防衛』は、このことをはっきりと肯定している。〈平和は戦争の命ずるところに従わなければならない。戦争は今世紀の神秘的女王である。平和はもはや、二つの戦争のあいだに位する、単なる休戦状態にすぎない〉(1)。ここにおいてこの筆者は、一九一一年ウィリアム・ジェームズが、平和状態と戦争状態とのあいだには可能態と現実態の区別しか認められぬとして、深い悩みをもって認めざるを得なかったその状況に、満足しているのである。〈あらゆる国の国民を抗争のなかに巻きこむような大がかりな戦争を強力に準備してゆくこと、これこそが真の、恒常的な、不断の戦争であるといってよいだろう。戦闘そのものは、平和のあいだに獲得された力の優位を、公に実証するだけのものでしかない〉(2)、とジェームズはいっている。戦争を政治に従属させたとしてクラウゼヴィッツを批判したルーデンドルフが、その著『全体戦争』のなかでかかげたテーゼは、このようなものであった。彼にとっては戦争こそが、他のすべての活動や野心的な計画を、司令しまた正当化するものであった。戦争は、人間につきまとって離れないものである。また人間に対して、〈至高の情熱を、至高の喜びを、悪徳を、いいかえれば人間にとって真の執念となるものを〉(3)、与えるものでなければならぬ。法学者バンゼは、これと同じ原理の上にたって、国民についての公式哲学をたてようと試みた。彼にとって戦争とは、文化と並んで、人民と国家との基本的な表現様式を意味していた。〈軍の意志〉、〈軍事的優生学〉、〈軍事教育〉といったものにより、特別な兵士階級が選び出され、この階級はよりよい待遇とより広範な市民権を享受した。こうして育てられたエリートは、本来平和的な国民大衆を、特別な教育により訓練することができた(4)。この特別な教育というのは、実際上、好戦的政府が近代技術を用いてつくったところの、種々の集団訓練法のことであった。国家社会主義時代のドイツにおいては、制服を着た若者たちが、好戦的な歌を歌いながら、歩調を合わせて街を行進した。

そして手榴弾が炸裂するとき、
われらの心は腹の中で笑う(5)。

生を超克し死を友とした英雄たちのことを描いた印刷物が、おびただしくばらまかれた。彼らの鉄兜はすでにその体の一部となり、死に対して敬礼する彼らの眼は笑っていた、というのである。彼らが

〈卑屈な哀願の恰好で跪き、雲の彼方の神に助けを求める〉ようなことは、想像することもできない。兵士たるものは、苦痛をその底まで味わおうとする。この苦痛から逃れようと願うものではない。むしろ彼はその苦痛を、自分から進んでとらえようとする。〈必然性という名をもつものはすべてよきものであるということを、彼は知っているからである〉(6)。〈かつては四つ辻に、手足を捻じ曲げて釘をさされた、バロック風の恐ろしい十字架像が飾られていた〉が、やがては祖国のために戦死した兵士の像が、そのかわりに飾られる時がくる、とローゼンベルク(八)はいった(7)。ドイツの哲学者として、人びとに最もよく受け入れられた者の一人であるルードヴィッヒ・クラーゲスは、英雄的民族によく受け入れられる犠牲の形として、血を犠牲とすることを、また兵士を人身御供とすることを称揚した。〈この光景を一目見るがよい。そうすれば、われわれのうちに光明が生まれるのだ。人生のなかで悲劇的なものが消え去ったとき、人間存在の一切の偉大さと、深さと、広さとが消滅するのだということを、われわれは理解する。われわれは理解する、何故に運命は死においてのみ完成するのかということを。また神の世界の幻影がことごとく潰えさることが、いかにして永遠の唯一の保証なのかということを〉(8)。また彼の門下であるヴェルナー・ドイベルは、この集団的自己破壊の幻惑のなかに、ゲルマン民族の魂の特徴の一つをみている。彼は、〈壮大なる花火のごとき死〉を歌う。この〈破壊の祭典〉は彼に対して、運命というものの至高の姿を示したのであった(9)。

全体主義の国ぐにの元首や大臣たちは、このような考え方を採りいれた。彼らはこれに合わせて法律をつくり、戦争を公に称揚した。ヒトラーは、自分の民族に対して聖書として与えたある書のなかで、一九一四年八月戦争が始まったことを知ったときに感じた大きな喜びを、物語っている。〈なお今日においても、私はそれを口にすることを、少しも恥とは思っていない。居ても立ってもいられぬような感激に打たれた私は、跪き、そして心から、この時代に生まれたことを天に感謝したのである〉[10]。またゲッベルスは戦争を〈生きるための愛の最も基礎的な形態〉と定義した。そして、戦争に対する恐怖は、分娩の苦痛に対する恐怖と同じであるとした。〈これもまた恐ろしいものである。けれども、生きるものは、すべて恐ろしいものである〉[11]。これと同じ類比は、労働戦線の指導者レイ博士も行なっている。一九四〇年復活祭の日、春のゲルマン女神祭の折に行なった演説のなかで、彼はこう述べている。〈あらゆる戦争は、男たちから血のしたたる犠牲を要求している。これを喜んで受けいれなければならぬ。彼らが国民のために受けいれるこの犠牲は、女たちが年々、日々、時々刻々と絶え間なく、子供を生むために受けいれくり返しているところのその犠牲と、同じものだからである〉。戦争がなければ、民族の男らしさがすたれてしまう、と彼はいう。流血の犠牲を自分一人が引き受けなければならぬのだ、と女が知ったならば、女は男を軽蔑し、男は女を惹きつけるものではなくなってしまう。戦争は災厄ではない。むしろ祝福なのである。〈永遠の青春の泉。新しい世代は、絶えずそこから新しい力を汲みとるのだ〉。

このように戦争と分娩とを同類のものとみる見方は、そのほかにも、多くの軍国主義的文明のなかに、とくにイスラムとアステックのなかにみられる。このような見方、そしてさらに、戦争のうちには新しいものを生む力があるというテーマ、戦争を真実の試金石あるいは人類固有の使命の印しとする考え方、これらはこうして信仰個条となってしまった。世論がこれに対して抵抗をしても、それはこれを信ずる少数の人びとに、かえって何らかの威光を与えることにしかならない。これら少数の人びとはこの信仰に挺身することのなかに、脅かされている自己の特権の正当化を求めるのである。戦争が、人間集団の横溢あるいは目的として、諸々の国民を栄えさせ衰えさせる至高の試練として、だんだんにはっきりと現われてくるときには、このようにしかならざるを得ない。戦争が原則としてこの役割を受けもつというだけでは、まだ物足りない。人びとは、戦争が実際にこの役割を果たしうるよう、必要なあらゆる手段をとるのである。明らかに戦争を目的としてたてられたある体制が、政治的な賭を行なえば、他の国ぐにも、これに挑戦しあるいは追従せざるを得ない。そうなると、本来最も平和的な国の政治家たちも、不本意ながら同じ手段をとらざるを得なくなる。彼らとても、自国を武装し戦争に備えようという計画があったならば、進んでこれを行なうことであろう。護送船団は最も船足のおそいものに合わせて進むのだが、国際社会は最も攻撃的な国に歩を合わせて進まねばならない。最も攻撃的な国というのはいつも、軍事制度と軍国主義とを最も多くとりいれた制度をもつ国のことである。個人の創意を圧殺し、国家権力に対してすべての資財とエネルギーをいつでも調達できるような、厳しい機構をもった国のことである。したがって、最も専制的で最も社会化された国が、他の国ぐにを引っ張ってゆくことになる。一つの国家を平和の脅威となすものは、その指導者たちの意志ではない。それをなすものは国家構造の組織的で強固な性格なのであり、したがってある見方からすれば、国家構造の完成そのものである。この意味において、戦争はまさに国家の目的である。むしろ、国家の重力の到達する究極の点、といえるのである。

戦争が行なわれるたびに、国家の力は強くなっていった。戦時の必要を満たすために設けられたある種の組織は、平和が結ばれた後も存続した。諸々の管理行政機構は、戦争を経ることによって、より強固な、より完全な、より広範なものとなった。エリー・アレヴィー[12][九]は、戦争こそ近代国家を社会化する最大の要素であるとした。また敗者はその敗戦から、自己の弱さがどこにあったかを学んだ。そして彼らは、それを改めるべく努力した。かくして一九一四年から一九一八年にかけての戦争は、自立経済と国民規律の重要性を明らかにした。その後に出現した諸体制は、みな権力主義的、計画経済的なものであった。そこにおいては、対外的交換は弱められ、あるいは禁止された。国民はあらゆる分野において、自給自足せねばならなかった。一次資源の不足を補うために化学的な代用物をつくることが、研究所の役割となった。また青少年に対しては、彼らをして外国文化を蔑視せしめるようなイデオロギーが教えこまれた。経済の面でも文化の面でも、自給自足することが目的とされた。熱意を盛りたて維持するために、機械的な手段も用いられた。戦闘と同じ雰囲気をつくって、絶対服従と無条件奉仕の精神を養おうとするものである。この期に及んでは、軍隊はもはや単に国土を護る道具ではない。それは国民の最高の表現であり、国民再生の至高の原則となったのである[13]。兵士は特権を与えられ、賞讃され、名誉をもって迎えられた。人びとは兵士を、つねにかわらぬ規範と考え、彼をとり巻く威光の故に、また彼の受けとる物質的な利得の故に、彼を羨んだ。戦争に対する心理的抵抗も弱まっていった。そしてほどなく戦争は、恐ろしいものではなく、魅力的なものとなってしまった。

二　戦争のための経済

同様にして、戦争への見通しは経済活動にも影響を与えた。都市の場合はそうではなかったけれども、少なくとも工場は、来たるべき闘争を予想して建設された。これらの工場を安全な場所におくことと、これらの施設をあらかじめ軍事的需用に適応させておくことが、そのねらいであった。工場は、秘密の場所に、敵の攻撃から最も隔たった場所に、あるいは地下に、あるいは分散孤立して建設された。諸々の研究所で行なわれる研究にしても、国が重武装化を進めてゆくのに役立つような研究が、優先的に行なわれた。人びとの生活全体が組みかえられてしまうのも、遠い先のことではなかった。敵に対してできるだけ有効で致命的な潜在的打撃を加えるために、政治、経済、科学の各分野にまたがる、全般的な施策が実行された。

ところがここに、さらに重大なる事実があった。すなわち、どの国においても、戦争のたびごとに経済活動が促進された、という事実である。戦争が猛威をふるっていたあいだは、人力といい、物品といい、金といい、すべてが不足していた。軍隊とは純粋な消費集団、もっと突っこんでいえば、負の生産集団である、とルイス・マンフォードはいっている。軍隊に対しては、住を与え、食を与え、装備を与えなければならない。けれどもそれがその返礼として行なうことは破壊のみである。〈如何ほど贅をつくした馬鹿げた生活をしようとも、戦場で行なわれるほどに素早く物を費消することはできない〉。このような見地からみると、砲弾には二つの利点がある。すなわち、まずその第一は、砲弾はもともと破裂するよう造られたものであるから、つぎつぎとかわりの砲弾が必要となるということであり、第二には、砲弾は標的となった物を破壊してしまうので、そこにまた何か造る必要が生じるということである。砲弾にせよその他の物にせよ、かわりの物はなるべくすみやかに補充されなければならないから、つまるところ戦争は、規格化された大量生産を促進することとなった。〈大量生産が順調に行なわれるためには、大量破壊がなくてはならない。組織的破壊こそは、新規需要の最大の保証である〉(14)。

戦争遂行のための各種の需要は、生産の能力を大いに増大させた。平和になると、それまで破壊者であった多くの人間が、みな工場に帰ってくる。その後これら多くの人間は、破壊するかわりに生産を行なう。彼らは生産を行なうためのいろいろな手段を持っている。そこで、過剰生産の危険が不可避なものとなる。ひとたび戦後の再建が完了すると、技術の進歩という脅威のうえに、さらに失業の脅威が加わってくる。この困難な状況を打開するために、たちまち戦争の準備が始められる。これによって稼働労働力は吸収され、無益な、あるいは破壊にしか役立たぬような物資の蓄積が開始される。戦争は国家にとってよいものであるばかりでなく、機械にとってもよいものであって、経済の均衡をとるためのマイナスの要素なのである、とルイス・マンフォードは結論している。

このようにして、戦争準備、戦争遂行、戦後復興という三つの段階は、近代経済のリズムのなかで、社会内の過剰の生産者と過剰の生産物を定期的に取り除くという、大きな役割を果たしてきた。けれども戦争は、生産者よりも消費者を多く殺し、また大いに生産を増大させてしまうことにもなるので、問題は戦争が行なわれるごとに、より深刻になってゆくばかりである。

ある一つの社会全体を、意図的にわざわざその方に導いてゆくことのできるような目標は、戦争をおいて他にない、とウォルター・リップマンはいった。(15) もちろんこれは、見たところ当然のことではある。しかし私は、意図的にわざわざ導いてゆく必要もないような、といえばなおよかったと思う。このようないい方は、もちろん実証不可能なものであり、誇大なものであって、基本的にはおそらく誤りでさえあろう。けれどもこのいい方の過ぎた点が、一つの真実を現わしている。すなわち、戦争は近代社会の至高の目的なのだ、ということである。一つの社会を意図的にその方に導いてゆくことのできる目標としては、他の目標をあげることもいと易いことではある。たとえば、生活水準の向上がそれである。ところがそのような目標は、まさに、意図的に求めなければならないものである。これにひきかえ、戦争は求めずしても起こるのだという、この事実が悲劇なのだ。それは社会の機能から、また社会の現状そのものから、自然発生的に起こってしまう。それは集団的活動の単なる正当化でしかなく、またその正常な成り行きにすぎない。戦争は、集団的活動の自然な合力として現われるのである。国家機構は、戦争から生まれ、戦争に育てられ、そしていつの世においても、戦争により補われ強化されてきた。そしてこんどは、こうして育てられ肥大した国家機構が、戦争を現在のような巨大なものとしたのである。

集団生活を組織化することが必要となってくると、政治家の行動の自由も、ますます小さなものとなった。政治家たちはこの必要性に縛られて、つねに組織強化をはかってゆかなければならない。組織をたえず補うというのは不便なことだ、と考えることも、もう彼らには許されない。もしそう考えることができたとしても、彼らはさらに先に進み、新しい手段によりこの不便さを矯正せねばならない。ところが今度はこの新しい手段そのものが、機構の強固さと複雑さをさらに増大せしめる。もはや政治は、組織編成と統制の方向に進むことしかできない。またこの流れに逆行しようとしても意味はない。革命といえども、事態の進化の方向を逆転することはできまい。国家機構のもついろいろな不都合な点は、国家がその機構をさらに複雑にすることによってしか改善できない。これは悪循環である。もし革命がこの悪循環を断ち切るためのものであったとしても、この革命は事態の進化を早めるだけだろう。なぜなら、その目的を達成するために、つまり既存の機構にうち勝つために、革命は、より強力な機構を設置しなければならないからである。革命権力を樹立しこれを維持し、抵抗を鎮圧して、旧秩序にかわる新秩序をたてるためには、革命そのものが不可避的に、集団生活のいっそうの機械化を押し進めなければならないのである。ところで、この分野で柔軟性が失われてゆくということは、世を戦争へと導いてゆく諸要因を制御することが、ますます困難になるということであり、同時にまた、これに応じて戦争そのものも、ますます激しいものとなることを意味している。

第六章　無秩序への回帰

戦争、それは承認された暴力であり、命ぜられた暴力であり、尊敬される暴力である。戦争は、人間の原初的な本能に満足を与えるが、文明は如何にも未熟なやり方で、懸命にこれを抑えようとする。組織的な破壊としての戦争は、社会の生産過剰により引き起こされた諸問題に対して、一時、単純にしかも根源的な解決を与える。戦争は定期的に起こる爆発である。この爆発のなかで個人と社会は、おのれが完成に達するかのような印象を、すなわち、人間存在の絶頂に達し、また真理に到達するかのような印象をうける。原始社会において祭りが果たしている役割が、機械化された社会においては戦争によって果たされているのは、このためである。戦争は、祭りと同じように人を魅惑する。そして、現代世界がその持てる厖大な資源と手段とを用いてつくり出したところの聖なるものの、ただ一つの顕われとして出現する。

一　根底にある真実

今日、戦争の重みは、他のあらゆるものの重みを合わせたよりもなおはるかに大きい。戦争が文明の一般法則に適合してゆくのではない。それとは逆に、文明全体が、来たるべき戦闘の諸条件に対して、あらかじめ適応してゆかなければならないのである。戦争は、服従するかわりに命令するようになってしまった。戦争が一つの状況のなかに置かれ、そのなかで副次的な出来事として現われるというようなことは、もうあり得ない。これからの時代において、社会の動きの根幹を方向づけてゆくのは、来たるべき戦争が何を要求するかということであり、また戦争は絶えず人の心につきまとって離れようとはしないということである。

また神話のなかにおいて戦争は、まず何よりも、あらゆる虚偽を突きくずしてしまう抗し難き規準とされ、またあらゆる人為的な力をあらわにする試金石とされてきた。それは真の価値を最高のものとして現わしだすものである。これが、カントン、ユンガー、バンゼの意見であったし、また他の多くの人たちの意見でもあった。またそうでしかありえなかったであろう。神話というものは、それがはっきりと権威づけられ、人びとに広く認められているところにのみ、成立し得る。アニアンテ(一〇)によれば、戦争というものは、不安定な状態にあって逡巡する国民を救う、唯一の機会である。彼らの魂をうつしだす真の鏡ともいえるこの戦争は、血みどろのそしてまた誤りなき、選挙の役割を果たしている。〈この選挙により、真の指導者と偽の指導者とが、真に主義主張を唱える者とこれを装う者とが、真の英雄と偽の英雄とが、はっきり区別されるのである〉。あらゆる国において、またあらゆる時代において、戦争は、定期的に諸々の人間や諸々の力を、分類しなおす機会でありその手段であった。アニアンテの考え方が感情的なものであり素朴なものであることに、人は微笑するであろう(1)。とはいえ、ポォル・ヴァレリーのような冷徹で節度のある人物でさえ、戦争がこのような選別を行なう小さからぬ力をもっていることを、認めている。戦争は、平和が存続させているいろいろな表面的なものが、脆弱であり、偽りであることを、容赦なくあばきだす。〈すなわち、平和というものは慣習の集合体でしかなく、諸々の記号が均衡を保った状態、協定のうえに成り立つまったく名目的な機構にすぎない。そこでは、行為よりもおどしが物をいい、金よりも紙が幅をきかせ、金がすべてにとってかわる。したがって、信用、確率、習慣、過去の記憶、入びとのうわさなどが、すぐさま政治のかけ引きの材料となる。そもそも政治というものは投機であって、行為としては現実のものであるとしても、所詮名目上の価値に関るものだからである。すべて政治は、見えない力を材料にして値段をかけ引きすることにすぎない。ところが、戦争はこのような立場を清算し、ほんとうの力が現前することをまたそれを行使することを要求し、人の心をためし、金庫を開かせ、事実と観念とを対比させ、名声と実際の成果とを対比させ、実際に起こった出来事と予測とを対比させ、死と空文とを対比させる。戦争は物事の最終的な運命を、その時のむき出しの現実の手にゆだねようとする〉(2)。

　戦争という判決は、まがい物を消散させ、すでに命数が尽きてもはや習慣と慣れでしか生きていないようなものを排除する。武力のみがことを決するというこの絶対的な単純さは、無為な遁辞や説明を許容するものではない。戦争はその断固たる処置により、世界に若さと活気と真実を与え、政治に経済に新しい時代を開く。如何なる国民も、この判決をまぬがれることはできない。戦争がもたらすこの革新は、何物もこれを回避することができない。諸国民の存続と栄光と繁栄は、このような試練にかかっているのである。
戦争と分娩とが執拗に類比されるのは、戦争が流血と苦痛のなかで新しい生命を生むものだからだけではない。それは、戦争が社会の根底を直接表現し、知性では理解することも制御することもできない、恐ろしい内臓の力を表現しているからでもある。こうしてカイゼルリング(二)は戦争を、歴史がその生成のために支払わねばならぬ身の代金と考えた。彼のいうところによれば、消化作用や痙攣のなかに秩序や論理を求めてみても意味はない。政治や経済も、結局これと同じものである。政治家が如何ほど努力したとて、宿命的で手のとどかぬところにあるこれらの動きを変えられるものではない。これらの動きは、意志も反省も到達することのできない深みにおいて起こるのである。これを制御しようと考えるなど、その本性を知らぬものというほかはない。それはまるで、大脳が腸の仕事を司ろうとするに等しい(3)。

戦争とは、社会の底深くたえず醱酵している生命が、その地下の世界から沸騰して噴出したようなものである。それは道徳を示すものというよりは、むしろ、自然科学的なもの、有機化学的なものをあらわしている。また、戦争に関する諸々の規準は、平和、理性、正義、名誉とは何の関りも持ってはいない。したがって、ある戦争の政治的目的とその目的に達するために認められた犠牲とのあいだには、何の共通する尺度もあり得ない。戦争は、〈強姦そのもの、罪そのもの〉、また不条理そのものである。それは根底にある原初的な法則にのみ従い、根底にあるものだけを助長する。精神と文明とが個人のうえに課した諸々の恐れや制約、この恐れや制約から個人を解放しうるのは、絶えず死と面つき合わせているという事実だけである。軍規までが、本能を解放する方向に働いている。というのもこれによって各人は、何事にせよ自分自身で工夫をして予測をたてるという、あらゆる種類の努力から解放されるからである。各人はこれにより、自己の責任から解放される。

ここにおいて戦争の聖なる力は、その十全な輝きをもって現われる。ここで一つの内的体験が、戦争の神話に対して傍証を与える。戦争のなかに真実の規準を、革新の源泉を、偉大な試金石を、偉大な産婦をみることができるとする信念は、その他の存在には意味がないとするほど強烈な、仰天するばかりの動かし難い感情に支えられていない限り、何も拘束することはできない。さもなければ、それはただ精神の手前勝手な一意見にすぎないであろう。このような感情は、文明がその基礎としている諸々の価値、戦争の前夜まで最高のものと思われていた諸々の価値を、粗暴な濱聖的な仕方で否定するところにおいて、その最高の強みをみせる。平和が必要と偽善にかられて聖なるものとしてきたもの、すなわち節度、真実、正義、生命といったものを誇らかにあざ笑うこと、これこそが、戦争のもつ聖なる威光の最高の明証である。戦争はこれらの価値を一時うしろに押し下げ、消え去らんばかりの弱いものとしてしまう。戦争にとって、尊敬は無用なものである。それは、社会生活の条件であるいろいろな禁止事項を、すべて解消してしまう。祭りのなかに現われる〈聖なる違犯〉というものの役割を、戦争が果たしているのである。

二　兵士の本性

あらゆる兵士は、おのずと暴力に走り、残酷に走るものである。酒を飲むにせよ、賭をするにせよ、物を盗むにせよ、女を犯すにせよ、人を打つにせよ、辱しめるにせよ、殺すにせよ、当然権利のあることと、彼らは勝手に考えている。しかし彼らは、つねに危険を身近なものとし、あるいはこれを軽視してさえいるので、物惜しみをしたり身の安全に汲々とするようなことはない。身の安全を求めるなど、はじめからあきらめねばならぬ彼らである。彼らは安寧と労働を、商業と貯蓄と軽蔑する。彼らは、自分が身を賭して護っている人びとから、尊ばれることを要求する。彼らが人びとのために護ってやった財産である以上、彼らが勝手に用いることは当然だと考える。彼らは女さえも、即座に思いのままにできるものと思っている。こうして戦争は、そのむかしの悪兵や傭兵のこととした、喧嘩、掠奪、婦女暴行を、存続させてゆく。

今日の、制服を着けた軍規ある兵士のうちにも、こうした兵士の本性のあるものが残っている。そしてこうした兵士のあいだにも、未開社会にみられるような、部外者におぞ気をふるわせるような、仲間うちだけの秘密な世界がある。戦争は、いかに機械的科学的になったとしても、やはり、古代ゲルマン部族の野獣人がみせたような陶酔に、現代人を引きずりこんでしまう。この野獣人〈berserker〉というのは、敵を殺すことによって奴隷の身分を抜け出した者で、それまでは奴隷の印である鉄の首輪をつけていたという。彼らは人に恐れられ、自らも人を恐れさせることを好んだ。獣の皮をまとい、生肉をかみ、叫び声をあげ、自らも獣と名のり、獣のごとくふるまう彼らは、体を黒くよごして、まっ暗な闇のなかを歩きまわった。それはまるで地獄のような異様な光景で、幽霊の群れのようにみえた、とタキトゥスは述べている。

人びとは働かぬ彼らに食を与え、またおそらく、彼らの勇敢さに対する代償として、ういういしい処女をも与えたであろう。他人の財に対して貪欲であった彼らは、その一方、自分の財を浪費したといわれる。彼らにとっては、人間の生命など何の重要さも持つものではなかった。そして彼らは、人間の生命を重要なものと考える人びとを嘲笑した。もちろん、文明がこのような職業的な野蛮人の存在を不承不承認めていたことも事実であり、それを除去しようとしたことも事実である。ところが、戦争はこのような蛮行を、かならず再現させるものであった。戦争は人間を、一挙に野蛮状態に押しもどしてしまう。兵士は労せずして、窃盗、掠奪といった昔ながらの習慣を思いだす。そして、農家からは鶏を奪い、地下倉からは酒を奪い、什器を壊し、扉を破って喜ぶのである。とはいえ、このような迷惑ならばまだよい方であって、一旦このような蛮行が始まってしまうと、あとはそれがひどくなるばかりで、たちまち際限の知れないものとなる。性愛においても同様である。兵士はぐずぐずと前おきにかかずらうものではない。その粗暴さは、優雅で迂遠な仕ぐさと調和するものではなく、手っとり早い満足を求めるだけである。上品な仕ぐさなどしている趣味も時間も持ちあわせない。死を身近なものとしている兵士にとっては、欲望を満足するのに待たされることなど、耐えられるものではない。ユンガーはごく端的にこのことを述べている。〈彼らは即座に花も実も要求し、欲望の対象が現われれば、すぐそれを手に入れようとした〉[4]。兵営の荒々しい生活のうちに禁欲を強制された彼らは、異常性欲のなかにそのつぐないを求めた。娼婦というものは兵士にとって、単なる褒賞や慰みなのではない。ふしだらな放縦は、兵士にとって自慢の種をふやすものであった[5]。彼らは人の顰蹙をかうようなことを好んで行ない、自分の快楽の相手となる女を見せびらかし、これをけばけばしい衣裳や宝石や香料で飾った。人から奪った品物を用いて、自分の無恥を仰々しく飾りたてたのである。

このように秩序や道徳を無視しても、彼らは何の非難も懲罰もうけない。逆にそれは、栄誉のもとであり、栄光を与えるものでさえあった。戦争は文明人にとって、英雄となると同時に本能をほしいままにすることのできる、主要なそしておそらく唯一の機会である。兵士は一方において自分に価値あるものを得、他方、他者に対する威光を獲得する。しかしそこで彼らの行なう生活は、まず何よりも破壊と掠奪を事とするものであった。法と世論に屈従し、利益の追求にあけくれるけがらわしい単調な生活から、彼らは解放される。手足を失い、負傷し、死ぬかもしれぬという予想が、彼らの試練を聖なるものとする。彼らは事務所か工場から連れ出され、強力な武器を渡され、これを操作する訓練をうける。人びとは彼らを、殺戮の権能と使命とを持った半神とする。突然与えられたこの最高の権限に、彼らは酔いしれる。殺される危険と殺す権利とが、兵士たちを恐るべき強烈な世界へと導く。

三　兵士の陶酔

殺戮の喜びは、一体いかなる点で、忘我の恍惚感と似ているのだろうか。この点について、戦闘に参加したことのある者が、自分の体験を物語っている例は数多くある。この点について最も示唆するところ多いものは、エルンスト・フォン・ザロモン(一三)の体験談である。彼は一九一八年の第一次大戦休戦後も、ドイツ国民党がバルト海沿岸地方やシュレジエンにおいて行なったところの戦闘に参加した。彼はたとえばつぎのように書いている。〈見るとホフマンは、自分の機銃のうえにその半身をもたせかけていた。片手を機銃のレバーのうえに置き、ぐっと前に身をのりだした彼の眼は、どこを見ているのでもなかった。心の底から湧いてくるような喜びの声が、唸り声となってその口から溢れだした。森のへりに並んだこの狂気に酔った人間たちは、もやは一本の張りつめた綱のようだった。われわれは、銃のゆるす限り射ちまくった。前方の野面は、全面にわたってなぎ倒された。永いあいだこらえてきたすべての怒りと鬱積とが、われわれの指先でふるえ、火と鉄とにかわって飛んでゆくようであった。火よ、鉄よ、煙よ、叫びよ、みんなみんな飛んでゆけ！　森には解放感がみなぎった。えもいわれぬ深い喜びが、一陣の旋風となって、われわれと敵とのあいだの空間を転倒させてしまった〉[6]。

　別のところでは、この狂気はもっと生々しく表現されている。〈私は機銃のかたわらにうずくまった。両手は重く、震えていた。われわれは自分の体のうちに、狩人の熱気が音をたててゆれ動くのを感じた。ああ、敵はわれわれの銃口の先まで迫ってきている。さあ、どうしてやろうか。待て、静かに待つのだ。さあ、敵は橋の前まできた。道全体が蟻塚のように敵でうずまっている。敵は充分集まった。今だ！私は引金を引いた。私の両膝のあいだで、機銃は獣のように震えた。橋のうえの敵はよろめき、音をたてて水のなかに落ちた。混乱した敵兵の群れは、一瞬のうちに散るようにして倒れた。そのうえを、あとから来た敵が踏みつぶした。そうだ。敵はそこを通らなければならぬ。みんな通らなければならないのだ。そして激しい銃火が彼らをとらえた。銃身の冷却筒の水は、音をたてて沸きかえった〉。

〈震える機銃を握りしめる私は、弾丸が、人間の体、生きた熱い肉体のなかに、突き通るのを感じるような気がした。何という悪魔的喜びだろう！　私は機銃と一体なのだ！　私自身が機銃であり、冷たい金属なのだ！　密集した群れのなかに、つぎからつぎと弾丸をたたきこむ。そこには一つの門ができた。それを通り越すものは、天国にゆくのである。いかなる武器といえども、こんな素晴らしい標的に出会ったことがあるだろうか。おや、弾帯が空になった。新しいのをつけなければならぬ。いま撃っているのはゴールケだ。力尽きた私は、震えながら地上に横たわった。もう目をあげることもできない〉。(7)

このような恍惚に比べれば、あらゆる感情は色あせたものとなってしまう。ここでは、感覚の激しさが感覚する能力を上回ってしまったようにみえる。E・フォン・ザロモンの描くこの狂人たちは、人間の感情の均衡を保証する安全圏をつき破って、その外に出てしまっている。彼がこれらの人間たちを、〈断罪された者〉（Geächteten）と呼んでいるのも意味深いことである。戦争により、よこしまな聖礼をさずけられたこれらの人間は、人肉を食べた者と同様、一般の人間からは永遠に切り離されてしまう。しかし彼らはその外にとどまりながら、自ら引き受けた恐怖によって、さらに大きな者となる。ユンガーの表現をかりていえば、彼らはまさに戦争の子なのである。〈彼らをつくったのは戦争なのだ。その火花のような内奥の趨向をほとばしり出させたのは、戦争なのだ。戦争が彼らの生命に意味を与え、そこに賭けられた彼らの生命を聖なるものとしたのである〉(8)、とフォン・ザロモンは説明している。

世界は彼らを吐きだした。そこで彼らもその仕返しに、世界の規範や規則を捨て去ってしまった。戦争の興奮に中毒してしまった彼らは、節度を忘れて殺戮の狂気に身をまかせ、根源的な混沌に立ち戻ったかのように考える。一切の規律を解消し、人間を原初の無罪性に戻し、絶対的な純粋性に戻すような、ある模糊たる実在に帰りつくかのように考える。そこではあらゆる法が、ごく些細なものに至るまでことごとく否認され、永遠の無秩序が支配し、彼らの行ないは永遠に正当化される。〈われわれは怒りに狂っていた。われわれは、野に走る兎を狩るかのように、ラトヴィア人を狩った。家という家を焼き、あらゆる橋を杭一つ残さず粉ごなに破壊し、すべての電柱を倒した。死体はすべて井戸にほうりこみ、そのうえに手榴弾を投げ入れた。手のとどくところの物はすべてひっくり返し、燃やせる物はみな燃やした。われわれは逆上していた。われわれの心のなかには、人間的な感情は何一つ残っていなかった。われわれが荒しまわったところでは、土そのものがその破壊にたえかねてなき叫んだ。われわれが襲撃したところでは、もとあった家のあとに、瓦礫と、灰と、赤ちゃけた木の破片が、荒廃した野面に、巨大な潰瘍のように残っているだけだった。たちのぼる煙が、われわれのたどった道を示していた。われわれは焚刑の火を燃やした。しかしそこで燃えるものとては、もはや無生物しかなかった。われわれの希望もあこがれも、燃えてしまった。ブルジョワ社会の法も、文明社会のすべての価値も、みんな燃えてしまった。この時代のあらゆる事物や観念についての言葉も信頼も、これまでわれわれの心のなかに残っていた埃だらけのあらゆる古くさい物も、その最後の残渣にいたるまで燃えつきてしまったのだ[9]〉。

色あせてみすぼらしいこの文明を打ち壊してしまうために、戦争という暴力を用いようとすることは、さして珍しいことではない。ドイツにおいては、これが国家社会主義文学の一種の決まり文句であった。ロシアにおいても、モスクワ裁判の後一九三七年銃殺された、赤軍のトゥハチェフスキー元帥は、彼がインゴルシュタットの刑務所でピエール・フェルヴァックに語ったところを信ずる限り、同じことを公言していた。戦争の神と〈死のカーニバル〉が与えるこの恍惚に対して、彼もまた敏感であった。スラヴ人にとって戦いと稲妻の神であるところの、恐ろしいピェルーン[一三]の像について彼は語っている。彼はこの神を祭ることを復活しようとし、文明の壊滅を願った。戦争は人類を、実り豊かな野蛮状態へと導くのである。〈あらゆる書物を焼いてしまうことは、おそらくよいことに違いない。そうすればわれわれは、無知識という清新な泉に浴することができよう。人類が不毛になるのを防ぐためには、これ以外に方法はないとさえ、私は考える[10]〉、と彼は叫んだのである。

いかなる民族も、この陶酔の虜となった。イギリス人であるチャールズ・ロスはつぎのように書いている。〈戦争は野蛮への復帰である。戦争には、正も不正もありはしない。ただ、命だけ助けることまで禁じてしまうのはよくない、というだけだ。なるべく早くそれを終えた方がよいという以外には、別に何の道徳もない。この生の闘争においては、愛や感情を云々する余地はない。最も凶暴な野蛮行為が、日々命令される。残酷さというものは、敵を屈服させるための戦略の最後の手段である[11]〉。これと同様に、一九四四年クリスマスの前日、ジョン・ゴードンは『サンデー・エクスプレス』に対して、爆撃に破壊されたアーヘンに入ったときの幸福感を書き送った。〈その光景は、この数年来感じたことのない、最も充実した喜びを私に与えた。かつて一七万の人口を数えたこの都市に、いま人の住める家は一軒とてもない。私はこのような破壊をかつて見たことがない。……一万人ほどの人間が、鼠のように、廃墟のなかの穴倉に生活している。一回の空襲が、ただそれだけで三万の人を殺した。……そして、このようにアーヘンで起こったことが、全ドイツのほとんどの都市でこれから起こるのだと思うと、私は嬉しくなった(12)〉。

アメリカ文明の特色は、聖なるものを排除しようと努力することにあるように思われるが、ピューリタニズムのせいでもあろうか、戦争に魅せられた予言者の数は、アメリカでは例外的に少ない(13)。一九世紀末においてはわずかに、一八九五年独立記念日に行なわれた演説で、南北戦争に従軍した経験をもつ最高裁判所の判事、オリヴィエ・ウェンデル・ホームズ(一四)が、戦争の聖なるものであることを肯定している。〈私は何が真であるかを知らない。私は宇宙の意味が何であるかを知らない。けれどもこの疑惑のなか、信念のくずれさったなかで、ただ一つ、私が疑えぬことがある。みんなといっしょにこの世界に生きている者なら、誰一人として疑い得ないことがある。それというのは他でもない。兵士をして、命令に服従させ、命を賭して任務を遂行させるこの信念、これこそ賞讃すべき真の信念であるということだ。彼らにとってこの任務は、盲目的に引き受けられたものである。その理由も彼は理解しているわけではない。作戦計画に至っては、彼のまったくあずかり知らぬところである。その戦術が如何なる効果をもたらすかも、彼はまったく知らなかった〉。

けれども合衆国が二度の世界大戦に参加した後にいたって、その結果が現われてきた。トマス・ウルフという人物が、はやくも戦争の魔性を発見した。〈戦争は何を変えたであろうか。それはわれわれに何をしたであろうか。われわれの生活に、いかなる奇蹟的変革をもたらしたであろうか。戦争は何も変えなかった。それは、生のうちにむかしからあるあらゆるあたりまえのものを、偉大なものとし、強烈なものとし、栄光あるものとしただけである。それは希望を与え、喜びに喜びを重ね、生に生を与えた。そして、すでに失われてしまったと信じていたわれわれ自身というものを、死の呪いのなかから、落胆のなかから、絶望のなかから、よみがえらせてくれたのである。戦争はそれ一つのなかに、喜びと能力と集団的な偉大な力とを、まとめて現わしているようにみえる。われわれが以前から知っていながら言葉にすることのできなかったところの、喜びと力と活動性のかず限りないイメージを、すべて併せ示しているかにみえる〉(14)。

四　きびしさと熱狂

これら一致した数かずの証言を前にするとき、戦争は終始一貫して人間を魅惑してきたのだといって過言ではない。戦争がますます大きくなると、政治的、経済的な諸目的さえも、戦争に従属するようになった。それは労働を資源を大衆を、純粋な損失にかえてしまうものである。これほど高価な出費はほかにない。知能とエネルギーと資材とを大量に投入して行なわれる他の如何なる事業とても、これに比肩しうるものではない。戦争は、不毛なる破壊的企てである。戦争が呑みつくしてしまう富と工業の大きさは、人間がその生活向上のために捧げるところのものより、また近い将来あるいは遠い将来に莫大な利益をもたらすであろう有利な事業に捧げるところのものよりも、限りなく大きいものである。

この度はずれた大きさが、眩暈を起こさせる第一の原因である。その量と技術からしても、その値からしても、また全体的、組織的なその性格からしても、戦争を、文明に対する本能の単なる反逆とすることはできない。というよりも、戦争は文明のもつ全資源を動員し、文明を破滅させるためにこれを使用する。現代社会の進歩を指令したのは機械であった。機械は社会の基本的様相を規定し、社会生活を複雑、規則的、かつ画一的なものにした。機械は社会の象徴となった。人びとを悩ませる諸々の悪や制限や圧迫は、みな機械に由来するものとされた。人びとはこれを、ゆとりと変化と柔軟性のある生活に対する、いとわしい反定立であると考えた。とはいえ人びとは、その力を認め、尊重し、賞讃した。生産の行なわれるあいだ、本能は機械に拘束されるが、一旦戦争になると、本能はその返礼として激しく自分の本領を発揮し、機械はまさにその道具として使われた。ここで諸々の関係が逆転される。厳正さと熱狂とは、相対立するかわりに合体する。ルイス・マンフォードは、この驚くべき両者の共犯関係を強調している。〈かくして戦争は、機械化された社会の単調さを打ち破り、日常のこせこせした気づかいと労苦から社会を解放し、生産手段の機械化を極端にまで押し進めると同時に、人間の活力を絶望的爆発に導く。戦争は、最も原始的ないろいろな傾向をおもう存分に発揮させ、同時に機械に挑戦する。現代の戦争においては、原始的な粗暴さと時計仕掛けのような精密さとが、一体をなしている〉(15)。

混沌への回帰はまた、人間を強固にし高揚する試練である。それは人間を本来の状態にたちもどらせ、力と物とを真実と若さに導く。この状態に到達するには、社会生活上のあらゆる抑制を一時的に取り払い、偉大な白熱のなかに身を置けばよい。この白熱は、一切の抑制をたちまちうしろに投げすててしまう。科学と技術によって行なわれたすべての発明、はなはだしく進歩した強力な機械、これらは、まず最初にそれを手に入れた者のものとなる。これを手に入れた者は、その殺人目的に最も適した使い方のできるよう、これを組み立て調整する。すべては熟練した専門家によって入念に計算され、それらの機械が最大限に殺人と破壊を行なえるようにする。〈機械が絶対的なものでありつづける限り、その時どきの社会にとって戦争というものは、機械の値とその損失補償費との総和にすぎない[16]〉。

生命と財産を破壊することが、集団的行動の目的そのものとなった。このような状況は、〈死の宗教〉を生み育ててゆくのにまことに恰好のものである、とルイス・マンフォードは考えた。〈分裂しつつある社会は、必然的に多くの偏執狂やサディストを生むが〉、死の宗教は、ますますふえてゆくこれら偏執狂やサディストの、ひそかな願望をかなえることができる。

いうまでもないことであるが、戦争のひき起こす眩暈の病的な面を無視することはできない。それはある種の犯罪や残虐行為の根源にみられるものであって、戦争の暴力はずっと以前から、それが表に現われる機会であった。これらの犯罪や残虐行為の割合は、集団生活が機械化されきびしいものとなってゆくにしたがって、増大するように思われる。とはいえ、このような出来事が多くの個人を倒錯に陥らせ、また極端な場合には、何らかの凶暴な祭祀を行なう秘密の宗派がつくられるようなことがあり得るとしても、それがはっきりした宗教の形をとるようになることは、明らかにあり得ない。戦争についての特別な祭礼が生まれるということはあり得ない。むしろそれは、人びとのあまねく感じているところの、ある漠たる聖なるものを表わしているのである。それには、教義も、寺院も、僧侶も必要でない。ただそれは、人びとに少なからぬ恍惚あるいは嫌悪の身震いを起こさせ、またつねにある種の敬虔なる恐怖感を起こさせるのだ。

第七章　社会が沸点に達するとき

原始社会において聖なるものの時はいつかといえば、それは祭りの時である。祭りにおいては、もちろんいろいろな決められた儀式が行なわれるが、何よりもまずそれは、巨大な爆発のようなものとして現われる。そこにはすべての人びとが集まり、その体力を消費し、その資財を濫費し、その生命力を確かめあい、祖先を祭り、若者に社会の仲間入りをさせ、興奮し、集団的狂乱を分かちあい、同時にそのなかで消耗しながらおのれを栄光あるものとする。祭りと戦争とのあいだには、内容上の対立こそなけれ、いろいろな相違点はある。しかしそれにもかかわらず、戦争は、未開社会において祭りが果たしてきたのと同じ機能を、近代社会のなかで果たしているのだ、と考えさせるような、多くの性格をもっている。それは同じように広範な現象であり、同じように強烈な現象である。それは経済的、制度的、心理的な次元において、ある同じような転換の行なわれることを意味している。聖なるものが示す数かずの特徴的な反応と同じ反応を、戦争が、何によってまた何故に、かくも高度に示しているのかということを正確に知るためには、戦争を祭りと対比するのが最もよいであろう。

一　戦争と祭りはともに社会の痙攣である

戦争の実態は、祭りの実態にあい通ずる。また人間の意識はこの両者から、たがいに並行するような神話をつくってきた。戦争と祭りとは二つとも、騒乱と動揺の時期であり、多数の群衆が集まって、蓄積経済のかわりに浪費経済を行なう時期である。商業と工業とによって苦労して獲得され貯蔵されたものが、費消され破壊される。さらにまた近代の戦争と原始的祭りとは、強烈な感情の生まれる時である。このある間隔をおいて生ずる熱狂的な危機は、色あせて、静かで、単調な日々の生活を打破するものであった。集団の関心事は、個人のあるいは家族の関心事に優先する。個の独立性は一時棚上げされる。個人は画一的に組織された大衆のなかに溶けこんでしまい、肉体的、感情的また知的自律性は消え去ってしまう。個人はもはや自分自身のものではなく、それまで存在したあらゆる区別は、新しい位階制のまえに消滅してしまう。労働を行なう時の慣れきってしまった諸動作、個人生活におけるこまごました義務、決まりきった日常生活、こういったものは、厳しくて同時に熱狂的な一つの世界によって置きかえられる。そしてこの世界には奇妙にも、横溢した活気と規律とが、苦悩と歓喜とが、規則と放縦とが共存している。祭りには断食があり、静粛な儀式があり、あらゆる種類の禁制があるかとおもえば、混乱があり喧騒がある。一方戦争には、より広範なより徹底した荒廃をもたらそうとする細心に構成された組織があり、死の危険と破壊の陶酔をともなった秩序と計算がある。

戦争と平和の周期は、祭りと平時の周期と同じである。そこには集中と発散とが、騒乱と労苦とが、浪費と倹約とが交互に現われる。この転換はあまりにも激しいものである。それ故、これを動物界にたとえれば、ひと所に定住して、一匹一匹穴のなかに住む羽のなえたイナゴに代って、次の世代には、雲のような群れをなして遠くまで飛んでゆけるような強い羽を持ち、群をなして漂遊するイナゴが現われたようなものである。

戦争と祭りにはまた、道徳的規律の根源的逆転がともなう。戦時には人は人を殺すことができ、また殺さなければならないが、平和時には殺人は最大の罪とされる。また平時には聖なるものとされた真実や個々の所有物は、戦時にはもはや尊重されない。同様にして祭りにおいては、トーテムの動物を食べたり同族の女と交わるなど、平時には瀆聖的なこととされる種々の行為を行なうことができ、また行なわなければならない。戦争においても祭りにおいても、日常の法に反するような、度はずれた、犯罪的な行動をするよう義務づけられる。この両者とも、長期にわたる集団的な秩序破壊のようなものであって、当然そこには限度を無視してますます激しい行為に走る場が生まれ、文明のいろいろな規則は一時抹消されてしまう。鯨飲と供応、強姦と狂宴、自慢と渋面、猥褻と罵声、賭と挑戦、喧嘩と残虐行為、こうしたことが日常茶飯事のように行なわれる。戦争も祭りも、新しい体制を予告し、その本性をあかし、その到来を宣言する。通常では礼儀作法のきまりにより抑えられていたあらゆる出すぎた行為、言葉、行動、喧騒、消費、破壊が、ここに誇らかに奔流のごとくほとばしり出る。

戦争の世界は祭りの世界と同様に、平時の生活様式から激しく自分を断絶することによって、必然的に右と同じような現象を起こさせる。基本的な類似は、まずこの二つの事象のもつ、経済的意味に見出される。そしてまた、この二つの事象が激しい形で現われるとき、社会科学の見地からみて、この二つの事象がそれぞれの社会のなかで占めている異常に強力な地位に、その類似が見出される。しかもこの類似は、単に集団生活の奥底にのみかかわるものではない（もしそれが単なる類似であったとしても、それは人に多くのものを教えるものといわなければならぬ）。この類似は、この二つの事象に参加する者の、内心の態度にまでみられるのである。祭りのなかで、あるいは戦争のなかで、神的なものをあるいは死を身近なものとする人間は、自分が偉大なものとなったのを感じる。そしてその興奮の絶頂において、日常抑圧されてきた諸々の本能が解放されるのである。

二　聖なるものの顕現

このような条件において、同じような所与から同類の神話が生まれたとしても、驚くにはあたらない。戦争が社会の在り方を規定するようになって以来、戦争は数かずの長所をもつものとされてきた。祭りはまた人間の内にある生き生きとしたいろいろな徳を、勢いよく有効に発揮させるものであった。そして、前者のもついろいろな長所は、祭りが発揮させるところのいろいろな徳と、ことごとく一致するものであった。

戦争と祭りは、平常の規範を一時中断することであり、真なる力の噴出であって、同時にまた、老朽化という不可避な現象を防ぐための唯一の手段である。祭りの行なわれぬあいだ、また平和の時代においては、既得の地位、既存の利益、また聞きにすぎぬ意見、慣習と怠惰、利己主義と偏見等々が強化される。物事はみな重苦しく動きの鈍いものとなり、動きのとれぬ状態、あるいは死へと向かってゆく。

それとは逆に戦争と祭りは、いろいろな屑やかすを取り除き、虚偽の価値を清算し、本源的なエネルギーの源へとさかのぼる。そして、その危険でしかも健康的な暴力を使用して、この本源的エネルギーを充分に発揮させる。

この両方の場合とも、秩序、慣習、固定性といったものがなくなったときに、人は目ざめる。そこにおいて人びとは、すべてがすべてをつくり出すような奇怪な豊饒性をもった混沌の時のなかに、移し置かれたかのように感ずる。そして自然も人間も、この永遠の青春の泉に浴して若返る。

子供は祭りを体験することにより、一人前の人間となる。割礼が陰茎を完成する。成年式を行ない、仮面をつけることによって、若者は成人と認められる。これらによって人間は、脅かされるものの集団を離れ、脅かすものの集団に入る。これと同様にして、兵役は若者を一人前の市民に仕立てあげ、砲火の洗礼は人間に対して動かし難い威厳を与える。しかしながら戦争も祭りも、大きな犠牲と大きな混乱を起こして人間を疲労困憊させ、それによって新しい秩序をたて、社会に活気を与え、もう役を果たして厄介ものとなったような制度を社会から除去する。それはまた若い指導者をたて、新しい時代を開く。

個人にとって、祭りへの参加は戦争への参加と同様に、神の顕現の時であり秘跡の時である。個人は事物の根底をかいま見たと信じ、そこで変身する。それによって個人は、強烈なしかし本来的なる一つの世界に達し、普通の生活は、色彩も盛り上がりもないただの透写としか見えなくなる。戦争の恐怖はこの啓示の輝きを弱めるどころか、かえってそれを強める。それが残酷であればあるほど、より一層それは輝かしいものにみえる。

祭りがすむと戦争の後と同じように、社会は平静に立ち戻る。飾りに塗った塗料を落とし、仮面を地下に埋める。同様にして、人びとは軍服を簞笥にしまい、武器は兵器庫に返す。神々と祖先は消え去り、人はおのおの自分の地位と機能をとり戻す。社会の慣性はふたたびその重さをとり戻し、あらゆる禁止事項がまた復活される。位階制が強化され、陶酔の時は去って労働が始まる。戦争中に変形された工業も、平時の態勢に戻る。過激の時代はおごそかにその幕を閉じ、平凡な生活が始まる。とはいえそのなかには、つぎの爆発を用意する、いろいろな活動がすでに含まれているのである。

社会はその白熱の時代において、自己の最も高い、最も傲然たる栄光に達した。社会の諸階級のあいだには親和がとり戻され、人びとは死者に対して敬虔の念をいだき、人びとすべてが熱狂し、集団のなかで運命をともにする者たちは同じ信仰をいだき、うちつづく緊張のなかに人びとは疲労した。このようにして、祭りがもっていた宗教的な魅惑の力が、戦争にも現われるのである。この点から見れば、戦争においては殺戮の神秘と破壊の讃歌とが問題となっているということなど、どうでもよいことである。眩暈は両者とも同一のものである。死を目ざしてのこの集合から逃れようとしても不可能であって、戦争が人を麻酔にかける力のあるものであることを、これは明らかに示している。戦争が激しいものになって以来、戦争は平時のうちから、国民のもつあらゆる資源とエネルギーのますます大きな部分を、来たるべき需要への準備にあてるようになった。このとき以来、社会の機構は戦争に奉仕するようになり、また社会の機構そのものが戦争を必要とするようになった。戦争の重要性はたえず増大し、あらゆる反対意見は圧倒されてしまった。そしてやがて戦争は、それが常軌を逸した法外なものであるというそのことにより、かえって論議の余地なきものとされるに至った。

それは、最も苛酷なる運命として現われる。それは盲目的であり、不条理であり、思いのままに殺戮を働き、また完全に非人間的である。ところで聖なるものもまた、まさにそのようなものではなかったか。聖なるものは、その価値においてそれぞれいろいろの差があるが、その本性はまったく同じであって、つねに動かし難く、圧倒的であり理解不可能である。人間が聖なるものと感じるところのものは、人間にとってとらえ得ぬもの、人間を人間の条件から解放するものであり、人間を高揚すると同時に奈落にたたきこむ激情である。この激情は、人間をそのうずくまっている平凡な生活から解き放ち、身震いする彼を、強烈でしかも危険に満ちたある世界へと押しやる。政府のあらゆる重要な決断がすべて戦争との関係においてなされるようになって以来、またある種の決定的な均衡喪失により、一般の意志に反して、戦争が人間社会の出来事のうちでも最も重要なものとされるようになって以来、戦争が人間にもたらしたのはこのようなものであった。

人は、戦争がその恐しさに釣り合うだけの徳をもつことを求め、あるいはその恐しさに見合うだけの徳を持つとしてきた。しかし事ここに至っては、いかなる熱狂的な讃辞をもってしようとも、このような徳を表わすに充分だとは思われない。

三　祭りから戦争へ

とはいえ戦争と祭りとは、いくつかの基本的に異なった性格をもっている。その相違点はあまりにも明白なものなので、わざわざ列挙するまでもないほどである。しかしその数はあまりに多く、またあまりに明白なものであるため、人がこの両者の類似点に気づくのを妨げてきた。突然社会が、個人に対して権利的にも事実的にも全権を握るようになるという、この戦争と祭りという二つの大きな社会的躍動は、その機能が等しいだけでなく、さらに幾多の類似点をもっている。とはいえ、事は慎重に処するにこしたことはない。というのもここでは、最も明らかなことが最も重要なことなのではないからである。人はまず、暴力が用いられることと参加者が死ぬこととを指摘したくなるであろうが、これは戦争と祭りとのあいだの最も深い相違だとは思われない。ほとんど死者のない戦争がある一方、多量の流血をみる祭りも稀れならず行なわれるからである。ダホメでは、王の死のあとで、狂気のような破壊が行なわれたものであった。〈すべての民衆が、この狂気の餌食となってしまう〉。王の住居においては、王の妻妾たちが家具を宝石を道具類をめちゃめちゃにこわし、つぎはすさまじい勢いで殺し合い、ついには何百という死者を出す有様であった。一七八九年には、五九五人の犠牲者があったという(1)。この破壊の狂気は、新しい王が位につくまで続いた。これを一種の葬儀とすることができるであろうか。ただ、儀式よりも狂気の方が勝っていたことは明らかである。古代においては、アッティスの祭礼において、これと同様の惨事が行なわれた。この〈血の日〉は、三月二四日と決められていた。大司祭が腕の静脈を切り開いて、その血を神の絵姿にふりかける。すると他の僧侶たちもたがいに体を切り裂く。その興奮が絶頂に達すると、若僧や観衆も刀をとって、衣を脱ぎ、たがいに切りあい、去勢しあう。その翌日の〈ヒラリア〉の祭りは狂喜の日であって、放埓と狂気はその極に達する。三月二七日は行列の日とされていて、騒々しい行列の行くなかで卑猥な歌がうたわれた(2)。

この種の騒々しい儀式においては、多くの場合、参加者のうちから怪我人が出るものである。興奮した群集の騒ぎと動揺により、何人かの死者を出すことも免れない。ところが人は、全然このような騒ぎを避けようとはしないのである。かえって人は、騒ぎのなかに、祭りの雰囲気のなかに、自ら加わってくるかにみえる。暴力沙汰がわざと行なわれることもある。シーア派の回教徒は、アリとその二人の息子ハッサンとホサインが殺された記念日に、狂気のようにたがいに傷つけあい、苦痛に対して無感覚になるための阿片の塊りを飲んでから、たがいにたがいの体を、またたがいの子供たちを傷つける。この〈血の日〉にテヘランにおいては、行列のなかで脱魂状態に陥った者に対して、人びとは砂をかける。これら忘我状態に陥った者は、行きつ戻りつ、地面にころがり、のた打ちまわって、恐ろしい叫び声をあげる。彼らは刀を振りまわして、自分の頭に切りつける。血がほとばしり出て、彼らの白いシャツは朱にそまる。狂気の虜となった彼らは、盲滅法に刀を振りまわし、やがて静脈、動脈をも切り、口から赤いよだれを出しながらその場で死んでしまう。すると群集は血に染まった残りの熱狂者たちを、また別の十字路へと導く。この血染めの熱狂者の仲間には絶えずつぎつぎと新手が加わり、見物人はおろか秩序の維持にあたっていた兵士までが、この狂気にとらわれて、突然その上衣を脱ぎすて、この殺人に加わるための刀を求めて大声で叫ぶ有様である(3)。

このような血を浴びながら行なわれる祭りがよく示しているように、祭りというものは何よりもまず、集団的な興奮の絶頂であり、群衆を誘惑して引きつけるものであって、一旦そこに加わった以上は命を落とすこともあり、いたいたしい重傷を負わされることを覚悟せねばならない。戦争と祭りとの違いがよく現われるのは、このような点ではない。その違いはむしろ、祭りがその本質において、人びとの集まり合体しようという意志であるのに反して、戦争はこわし傷つけようとする意志であるという点にある。祭りにおいて人はたがいを高揚し興奮させるが、戦争においては人は相手を打ち負かしてこれを服従させようとする。そこでは、共同にかわって憎悪が現われ、二つの胞族の結合にかわって二つの国民の衝突が現われる。分かち難き結合を祝うものであったものが、容赦なき戦いを行なわせるものとなる。このような絶対的な変換は、単なる運命のいたずらではない。このような変換を起こさせることのできるのは、歴史が生み出した諸々の大変革だけである。そこで、このような変換を生ましめた驚くべき歴史の推移の大筋を、拾い出してみることにしよう。

原始的共同体というものは、その本質において、さだかな輪郭をもたぬものである。農耕し、牧畜を行ない、狩猟をする領域が決まっている場合でさえ、その境域線ははっきりしたものではない。祭礼を行なう場所、水の取り入れ地点、猟獣の保護区といった特別な重要さをもった、ある決まった場所を除けば、村から遠くなるに従って、土地所有の観念は薄いものとなる。村を遠ざかるに従って、一つの集団の領域がだんだんと隣の集団の領域になってゆくのである。さらにまた、彼らを内部で結びつけている真の絆は、一つの地域に共同して住んでいるということではない。それは、一般に女によって伝えられ、氏族のなかで実現されるところの、ある神秘的な原理に参加しているということにある。各氏族はおのおの自分のトーテムをもっている。このトーテムは、この原理の超自然的力の源でありそのしるしである。そのうえ集団はけっして孤立したものではなく、結婚の絆により対蹠位置にある氏族に結びつけられており、各世代ごとにその親族関係が固められ更新される。近親結婚の禁止の重要さ、いいかえれば外婚制の法則の重要さはここにある。そして各人は、相補的な氏族の者と結婚するよう義務づけられている。このような規則は、共働と交換を保証するための組織の、一つの特殊な例にすぎない。そこで交換されるのは、いうまでもなく女であり、食物であり、労役であり、祭礼である。各集団の存立と、力と、繁殖と栄光は、相手の集団に依存しているわけである。細密な相互関係が、これらの集団と集団とのあいだの関係を司っている。各集団はその相手にとって、生命の保証であり繁栄の保証である。

このような社会が社会的興奮の絶頂に達するのは、当然のことながら、その社会を構成する集団がみな集まったときであり、そのおごそかなる混淆のときである。祭りのために集まり混じり合った彼らは、神聖と神話と夢想の目くるめく世界に入る。そこで彼らは物事の根源を生きる。彼らは時間と規則の外に抜け出してしまう。一切の禁止事項は破られる。仮面をかぶった人物が、繁殖の儀式と成人式をとり行なう。それにより、来年の食糧が保証され、新しい世代が共同体に加えられる。混乱は最高潮に達し、溢れるばかりの富と動きとエネルギーのなかで、生命力の沸騰するなかで、社会は一体となり自己を確認する。

国民も国家も知らぬこのような社会においては、戦争とは、待ち伏せ、襲撃、掠奪または報復のための侵攻の域を出るものではない。いかなる場合においても、それが決定的な最大の関心事とされることはない。それは散発的、偶然的なものでしかなく、戦争というものはない、といってもさしつかえない。

社会が白熱的興奮に達するのは、祭りによってであり、祭りのなかにおいてである。

相補的集団関係を基礎づけている完全均衡の原則、すなわち相互奉仕の原則は、位階制度が生まれ、権力が個人のものとなり、社会が複雑化し、兵士、僧侶、鍛冶師、舞踊師、大工、医師等の特殊な団体が分化し、各人が異なった技術をもち、その技術が彼らの信用を基礎づけ、社会的役割を規定するようになると、これまた変化してくる。このような条件において、その集団の協約の根本をなすものは、尊敬ではなくて威厳である。それが世襲的なカーストであるにせよ、閉鎖的な同業組織であるにせよ、この点にかわりはない。この種の社会は、非常に多様な型をもっている。とはいえそれは、おしなべて封建的な中世のものといってよく、少なくとも、中世キリスト教世界と同じような性格をもつものである。これらの性格は、この発展段階に固定化して存続することもあり得る。私はこのような社会を、領土上の境界よりも階級上の境界の方が大きな役割を果たしていた社会、と定義したい。この階級上の境界こそが、相対立するいくつかの共同体を分け隔てていた本当の柵なのである。したがって戦争は特権階級の行なうものとなり、貴族のみが行なうものとなった。貴族のみが武器を持つ権利を保有し、貴族同士のあいだで結婚が行なわれたように、戦争も貴族同士のあいだで行なわれた。

これが貴族戦争の時代である。この種の戦争は、階級が分化した世界にしか存在せず、武士として生まれ武士として育った同じ階級の者だけが行なう戦争であった。一般の人びとは、従者として、補助要員として、また被害者としてしか、この戦争には加わらなかった。この戦争は、厳しい規則にのっとった遊戯であった。そこで最も重要とされたのは名誉であって、人びとは戦いをいどみ、いどまれた者はこれを受け、またその挑戦に耐え、その勇気と誠と度量を証しし、たぐい稀れなる武功をあげることによってその名誉を得たのである。称号、旗、定紋、兜の前立て、その他あらゆる紋章は、みな領主たちがその貴族であることを表わすものであった。その豪胆と豪奢とが、あるときはその名を輝かせ、あるときはその名を傷つけた。戦争は一種の試合であって、規則がはっきりと決められている点ではゲームに近く、対抗して行なわれる点ではスポーツに近く、同等の武器を用いて行なわれ優れた者が賞を得る競技であった。戦争をこのようなものと考えることは、階級が分化していない民族が行なうところの、腕力と待ち伏せによる戦いから生じたものではない。このような考え方は、祭りからじかに生まれたものなのである。

祭りは社会とともに変化した。それは合体による興奮の絶頂であることを止め、指導者たちが自己の優越性を相手に知らしめようとして行なう競合による興奮の絶頂となった。指導者たちは、あらん限りの富を大がかりに分配し、また破壊して、富において劣る相手に対して優位に立とうとする。奉仕を相互に授受し得るような均衡を保とうと努めるのではなく、これをこわそうと務めるのである。相手に与える贈り物はみな、相手を凌駕するための挑戦を表わすものとなる。それは、政治的権力を、影響力を、超自然的秘密を、あるいは超自然的力を表わす証拠を、紋章を、護符を、特権を、名前を、神話を、歌を、また魔法の舞を、獲得するための手段なのである。〈われわれは武器で戦うのではない。われわれの財産を与えることによって戦うのだ〉[4]、とクワキウルト族[二五]はいっている。男たちは、敵の頭に見たてた花飾りをもって現われる。そして、敵の名を叫びながら、それを火のなかに投げいれる。ところでこの花飾りは、彼らが分配する銅の板と実際上同じ意味をもつものであって、ここで叫ばれた名前は、豊富さを見せびらかす競合のなかで負けた相手の名前と同じ意味をもつのである。誇張と無益な浪費とが、偉大さの印しとされる。頭領はためおいた魚油を燃やし、自分の舟をこなごなにこわし、あざらしの皮を裂き破り、銅板を海に投げて、相手をはずかしめる。優越性を求める執念は古今を問わずつねに存在し、社会経済機構の全体にその影響を及ぼしている。このように、自分の財を犠牲にして得られるものは、またそれらを所有する者を殺すことによって得ることもできる。手に入れようと渇望する財産や特権を自分のものとするには、その相手が返すことのできないような豪華な贈り物をすることにより、相手を格下げすることも一つの手であるが、この相手を殺してしまうのも一つの方法である。

もちろん、〈ポトラッチ〉という制度は例外的なものであるが、その心理はあらゆる貴族社会のなかに見ることができる。すなわち、決まった作法で戦争を行ない、豪奢と武功(これはスポーツにおける記録に等しい)をもって高貴な生まれの人間の価値とする社会には、まさにこれが見られるのである。戦争そのものは贅沢なものである。それは命を賭けた祭りである。しかし戦争は、人びとを集めるかわりに分け隔てる。それは隔りを印しづけるものなのだ。戦争はまた、それを務めとする少数の特権階級の驕慢を正当化するものでもある。このような戦争は、社会が高揚した頂点を示すものではまったくない。このような過渡期の時代においては、祭りはもはやこの頂点を示すものではなくなり、戦争はまだそこにまで至っていなかったのである。

国民全体というものが他のあらゆる集団構造をしのぐものとなったとき、はじめて戦争は社会的高揚の頂点となった。貴族階級の武士たちはたがいに近親感をもっていて、それは国境によって妨げられるものではなかった。彼らは何の憎悪も抱かず、たがいに尊敬し、決められた通りに戦いをした。このような戦いは彼らの抱いていた本能的な連帯感をさして損うものではなく、彼らが都市住民や平民、いいかえれば市民に対してもっていた傲慢さを、和らげるようなものではなかった。国民というものが平等の権利をもつ市民のみによって構成されるようになり、市民は政治的力を与えられ、そのかわりに兵役の義務を負うようになったとき、国民は、武装した不可分の全体となり、当然他の国民からは分け隔てられ、たがいに対立し、排除しあう絶対的なものとなった。それが厖大なものとなるにしたがって、国家は国民に対してより大きな役割を果たすようになり、またより多くの統制を行なうようになった。それによって、国民はより社会化された一方、ますます閉鎖的な硬直したものとなった。

こうなってくると政治というものは、戦争を期待しながら行なわれるものとはいわぬまでも、戦争の脅威を考慮しながら行なわれるものとなった。政府は国民の精神的・物質的力を増大させるための一切の物事を、その責務として引き受け、監督し、規制する。戦争の見通しについて、政府は絶えず注意していなければならない。このようにして国家にとって戦争は、一つの幻惑となり、一つの絶対となったのである。国家が如何に平和的なものであったにせよ、その国家が戦争を信奉しているとか、戦争を準備しているとか、あるいは戦争を恐れているとかいったことは、結局たいした問題ではない。国民が一つの全体として構成されている限り、国民が至上のものであってその上に立つものがない限り、国家はそのような宿命を脱することができない。国民は、隣する諸国民とつねに競合しなければならぬ位置に置かれている。国民が、その人的資源と物的資源とエネルギーをすべて動員して、これを敵対する国民に対して投げかける時、国民の心は白熱し、興奮と浪費の時がはじまり、極度の緊張が生まれる。この種の社会が二つあい対した場合、この対面はもはや合体のための出会いではあり得ない。境界線もなく国家もなく、輪郭も定かでない社会において、相補的集団のあいで行なわれるような、合体のための出会いではあり得ない。それは、もはや止まるところを知らなくなった国家主権の行使によってひき起こされる、無慈悲な殺戮である。そしてこの国家主権の行使を鼓吹しているものは、利己主義と、勢力拡張の欲望と、そしてまた権力意志とはいわぬまでも、領土保全の関心とにほかならない。

別の全体と対決することにより、国家は自己を肯定し、自己を正当化し、自己を高揚し強化する。その故にこそ、戦争は祭りに類似し、祭りと同じような興奮の絶頂を出現させるのである。そして祭りと同じように一つの絶対として現われ、ついには祭りと同じ眩暈と神話とを生むのである。そこでは暴力までが変形される。祭りがしばしば暴力をともなうものであることは、すでに見たとおりであるが、祭りにおける暴力は付帯的なものであり、豊饒なる熱狂に付随するものであった。この熱狂は暴力により最高頂に高められ、この熱狂から、活力の横溢とともに、暴力は噴出した。ところが戦争において暴力は、機械化して適用すべきものとされ、執拗な戦いを行なうための目標として慎重に考慮されるものとなる。国家が戦争から生まれたとしても、今度は逆に国家が戦争を生むことにより、国家は戦争に返礼をしたようなものである。この両者は、あいたずさえて進歩する。激しい戦争の行なわれるたびに、国家の権力は伸張し強化された。また逆の角度から見れば、戦争のため国家が新しい責務を引き受けるたびに、戦争はより激しいものとなり、より大きいものとなった。国家の統制が強まれば強まるほど、戦争はより多くのものを消費するようになった。戦争においてより多くの消費がなされるようにするために、国家は絶えず統制を強めてゆくのだ、といってもよい。こうなってくると、隣の国家と国力の資源を競うための闘争が、国家の最大の関心事となる。構造のゆるやかな世界あるいは構造がほとんどないような世界においては、出会いというものが、交換の機会であり、宴の機会であり、祭り、市、競技の機会であったが、もはやこのようなことはあり得ない。国家が成立し確立されてゆくあいだに、競争心は友愛の精神を圧倒するものとなった。特権階級が作法を重んじた貴族的な抗争を行なっていた時代のつぎには、相手集団の存在そのものが無慈悲な勝負の対象になるほどの、憎悪に満ちた絶対的な闘争の時代が到来したのである。

狂宴と殺戮、祭りと戦争、この二つの現象は対称的なものであり、ともに暴力的なものである。この両者は、別の部面においてではあるが、ある同一の高度な機能を果たし、ともに人間を魅惑する力をもっている。その危機状態の目的とするところが物を生むためか滅殺するためかにより、人を迎え入れるためか排除するためかによって、祭りと戦争は、一方は人を引きつけるものであり、他方は人を恐怖におとしいれるものであった。祭りから戦争に至る道程は、技術の進歩と政治組織とに深くかかわっている。一切のものにはその報いがある。現在の戦争の形態も、文明の進歩のなかにあらかじめ含まれていたといってよい。文明がその輝かしい成果によってはぐくみ育てたところのこの内的危険は、いまや文明そのものを破壊の脅威にさらすものとなった。現在の文明は、この内的危険に向かって華々しく突き進んでゆかざるを得ない状態にある。

結び

一九世紀に入るまで、戦争についての哲学といえるものは、ほとんど見られなかった。成吉思汗が戦争を称揚したことがあったといっても、それはむしろ一種のスポーツとして称揚したのであり、戦争がよび起こす感覚のためであった。戦争に一つの精神的な役割を認めたのは、おそらくジョゼフ・ド・メーストルが最初であろう。彼は戦争を、神の怒りの現われとしたのであった。それ故、この段階では戦争は、まだ一つの災厄であるに過ぎなかった。ヘーゲルに至って、一切は変化した。戦争は、歴史を動かす主要な力、いいかえれば、精神の実現となったのである。観念を具現するのが国家であり、その国家をつくり出すのが戦争であるとされた。戦争こそが、それぞれの国家の一貫性を保持し、それら国家の宿命をまっとうさせるものであった。これと同じ時代に、クラウゼヴィッツはその著『戦争論』を書き進めていた。しかし彼はまだ、戦争を政治の下婢としていた。もちろん彼は、戦争が自然な成り行きとして抽象的な形をとるものとなることを認めていたし、また、戦争は歴史の流れのなかで徐々に絶対的な形に近づいてゆくと考えていた。しかし結局、彼は戦争を、政治という平和的な本質をもったある別種の企ての道具とみなすことを止めなかった。抗争の形態が根本的に変化したのは、一九世紀に入って全国民が武装されるようになってからのことと考えられるが、この原則は、彼も躊躇することなくこれを認めていた。職業的あるいはカースト的な武士、貴族あるいは傭兵とは別に、市民兵が出現した。平等という原則は実のところほとんど守られてはいなかったが、全市民に対してすべて兵士たることを要求したものは、この平等の原則であった。かくして武士の集団は、召集兵の大群のなかにすっかり呑みこまれてしまったような状態となった。戦争にたずさわる階級は、従来他の普通の人びと、すなわち学問、労働、商業等、富の蓄積を業とする人びととは違うものとされてきたが、このような風俗上の区別は、武士集団が市民兵のなかに呑みこまれるというこの混淆により弱められ、その特権も少なくとも理論的には廃止されたわけである。

かくして近代文明は、戦争を専業とする特権的なカーストを、逐次増大してゆくある画一的なもののなかに解消しようとしたのである。この階級は上品な、作法をわきまえた階級ではあるが、偏見と仕来りを墨守し、儀式を重んじた。そして戦争というものを、貴族的な厳格な遊戯に、寛大さと公正さとを重んずる抗争に、文字通りの贅沢な行為に、危険を含むものとはいえ規則正しい礼節の交換に、変えようとした。不幸にして、ヒロイズムの形態はさまざまであった。その形態は、社会の要求に従って変化した。それは、目立たない、技術的な、しかも無慈悲なものとなることが可能であった。

それ以降ほとんどの戦争は、平民により引き受けられ行なわれることになった。けれども逆説的なことに、それは少しも戦争を文明化することにならなかった。というよりも、それはむしろ逆であったとさえいえよう。豪勇といったような武士特有の諸々の美点が、重んぜられなくなったことは事実である。

忍耐はこれよりよく評価された。というのもこの種の受け身の勇気は、自分の部署をあくまでも離れないということにもなり得るからである。けれども、戦争が工業的で精密でこせこせした企てとなり、一人びとりの個性が失われてしまうようになったとしても、戦争の大きさ、その激しさ、その残酷さは、ますます大きな勢いで増大するばかりだった。

近代科学は空間を縮め、権力が有効的、同時的かつすみやかに統制を行なうことを可能にしたが、このことは、巨大国家の建設を著しく促進した。従来諸国民がたがいのあいだの境界としてきた国境は、そのむかしのいろいろな時代に定められたものであって、なかには、巨大帝国がその巨大さの故に脆弱となり、政治的統一を失って崩壊した時代に定められたものであったが、現代巨大国家のもつ資源と広大さとは、従来世界をいくつもの国民に分けてきたその分け方を変えてしまったのである。

それ以来、抗争は全地球的規模に拡大してしまった。以前戦争は、いくつかの大洋によって隔てられたいくつかの大陸で、それぞれほとんどばらばらに行なわれていたのであるが、そのようなことはもうなくなってしまった。

第一次世界大戦、とくに一九一七年のアメリカ軍のヨーロッパ上陸は、よい意味でも悪い意味でも、戦争において全地球が連帯していることを示す画期的な出来事であった。この時代における連帯行動はまだ部分的で稀れにしか行なわれず、その連続性もしっかりしたものではなかったが、新しい輸送手段のスピードが増し数が増し、それが規則的に用いられるようになるに従って、この連帯行動もたちまち効果的なものになった。さらに下って一九四四年、第二回目のアメリカ軍遠征部隊が、きびしい防御陣地の構築された海岸に上陸した。この時の上陸は砲火の下で行なわれ、敵陣の海岸に拠点を築くための、人工的な桟橋や船着き場その他あらゆる設備が同時に運ばれた。この上陸作戦の成功は、巨大な大洋といえどももはや大陸を分け隔てるものとはならない、ということを明らかにした。戦闘の規模がかわり、それに従って戦力の大きさが変化した。また対外政策の主導権は、事実上それぞれ一大陸分の広さと資源とをもった二大強国によって握られることになった。これら二大強国がたがいにあい接する国境をもたないということ、両国の国民はたがいに相手国についてほとんどまったく無知であること、両国とも広大な未開発地と厖大な未開発資源とをもっていること、これらの事実はほとんど問題にもならない。閉鎖的な二つの全体があい対するとき、両者のあいだで必然的に競争が行なわれるという原則は、ここで充分にそしていとも厳しく、その実力を発揮する。そのあまりの厳しさのために、競争そのものさえ極度に単純なものに見えるほどである。その他の国々はほとんどあらゆる選択権をうばわれて、自分の欲する時に開戦・終戦をすることができぬばかりか、どちらに付きどちらと戦うかを選ぶことさえできない。政府は地理的条件と、強者の主張に従って動くだけである。人民はこれにいつも追従してゆくとは限らない。それというのも、巨大国家の対立の背後には、イデオロギーの抗争が存在しているからである。新しい戦争のなかでは、パルチザンや第五列の果たす役割も大きいので、中小国家の国家主権はますます弱められる。中小国家は否応なしに、巨大国家の衛星国となり、顧客となり、その勢力範囲に入らざるを得ない。中小国家にとっては、国外戦争とて国内における政治的対立の延長でしかなく、それは国内戦争をひき起こす恐れを含んでいるのである。なぜなら、イデオロギーは国境を越えた連帯を生むからである。またこれら巨大国家は両者とも、相手国にあって権力に反抗している党派からの、熱のこもった協力を保証されている。

軍事基地の戦略的配置と外交的努力と政治宣伝とは、並行して行なわれ、同じ一つの企図が異なった形をとって現われたものでしかない。これらの手段のどれを選ぶか、あるいはこれらを同時に行なうかという選択は、ただその情勢のみによって決まってくる。ある一つの政治行動があるとすれば、これと同じ目的を達成するための軍事行動も当然考えられているわけである。また逆に、あらゆる軍事行動の目的とするところは、反乱やクーデタ、あるいはこの両者を組み合わせて行なうことにより、達成することができる。戦争と革命とは、歩調を合わせて準備され、その時が来れば混然と混じりあってしまう。

資源の乏しい国民は、政治的主導権をもてないばかりでなく、軍備の面でも主導権をもつことはできない。原子力研究とその施設が厖大な費用を要するものである以上、核エネルギーは中小国の手の届くものではない。かつて、諸侯の勢力を押えて王制が確立することができたのは、大砲を造るための熔鉱炉が高価なものであって、国家予算でなければこれを設置し運営することができないためであった。これとまったく同じように、近代科学が生みだした強力な兵器を生産するための工場や研究所を設置しようとしても、もう従来の国民国家の予算はあまりにも貧しすぎる。このような兵器を充分に生産し、所期の目的に有効に使用しようとしても、所詮できないことである。こうなった時点において、従来の国民国家の時代は、終わりをつげたのである。

核兵器という遠距離まで届く大量殺戮の道具は、抗争を全地球的規模に拡大する役を果たした。

戦争が大量破壊的なものとなるのは、もう不可避なことであった。今日の戦闘はもはや個々人の闘争の集まっただけのものではなく、現代の戦争はもはや、一連の極地的戦闘の総和にすぎぬものではない。まず戦争は、大量破壊的な、執拗な長距離戦略爆撃の交換をもって始まる。この爆撃は、敵の軍隊を無力にするためというよりも、むしろ敵の生産力をくじくためのものである。この点から見れば、原子爆弾はまさに来たるべき時に来たといっても、それは決して逆説ではない。攻撃すべき目標が広大な領域であり、無限といっていいほどの資源であるからには、これに見合った巨大な破壊力をもつものとしては、原子爆弾以外にはあり得ない。巨大な敵国領土の地図のうえに、破壊のあとを印すことのできるものとては、これ以外にない。この新兵器なくしては、これと同等の破壊力を爆薬としてもっていようとも、またこの爆薬を運ぶに必要な空軍を所有していようとも、もはや無意味なことなのである。

当然のことながら、大規模破壊を目的とする以上、その犠牲となる者に、軍人と一般人の差別はない。すなわち、一般人も殺される、というだけではない。一般人は軍人と同様に爆撃の標的となっているのである。それが化学者であれ坑夫であれ、機械修理工であれ単なる労働者であれ、敵からみれば一般人というものは、兵士と同様に危険なものなのだということを、認めなければならない。労働者は、軍服を着け、銃を手にして塹壕のなかにいる時よりも、労働者として働くときの方がより効果的にこの死の作業に役立つことができる。一個の原子爆弾は、その小さな体積のなかに、多くの人間の労力を、何千という労働者によって細かく分担された厖大な労働時間を含んでいる。この爆弾を造るために用いられた機械を造るための労働も、この労働のなかに含めなければならない。こうしてさかのぼれば、どこまでいっても限りはない。現代社会のなかで、各人は微小な部分的役目を引き受けているにすぎないが、それは総体を前進させるための欠くべからざるものなのである。今日の戦略が意図的に行なおうとするこの無差別的全滅は、このような社会的連帯の現実に対応したものにすぎないということを、ここで告白しなければならない。

第二次世界大戦が行なわれているとき、W・チャーチルは、〈一般人の士気は軍事目標である〉、と明言した。ここで士気といい、さらに労働力というのは、生命というのを避けるためにすぎない。

全地球的戦争は、単に規模と量との問題ではない。それはまた、速度と強烈度の問題である。車輛によるにせよ徒歩にせよ、ゆっくりと移動する軍隊では、いかにその兵員数が大きかろうとも、右のような戦争を行なうことはできない。このような戦争の前後には、これまた執拗な平和状態というものが控えている。このような戦争を世界全域で行ない、それに絶対的な性格を与えることのできるものとしては、空軍以外にはあり得ない。すみやかな空軍作戦によってのみ、遠く離れた広大な地域を制圧することができる。また相手方の大陸に対して、単に針で突いたようなものではない広範囲の打撃を与えることを可能にしたものは、この破壊手段のもつ未曽有の強烈さなのである。

このような条件においては、戦争は国民という枠をはみ出してしまう。英雄の時代が去って無名戦士の時代が到来し、個人的な闘争がいくつも行なわれるのでなく大量殺戮が行なわれるようになった時、この国民戦争のなかで、すべての戦闘員は自律的に行動し得ぬものとなった。これとまったく同じように、従来の国民国家はいまやその自律性を失う時期に立ち至ったのである。現代の戦争の規模は、個人というものの失墜の第二段階を示している。そしてこの第二段階は、国民そのものにさえも、打撃を加えているのである。

戦争における個人の役割のみならず、戦闘そのものの役割までも制限するような諸要素が、さらにこのうえに加わってくる。偵察、接近、戦闘、攻囲、追撃、といったものが行なわれなくなってから、もう久しくなる。もっと極端にいえば、もはや戦闘は行なわれなくなってしまったのだ。人びとは、生産し、運搬し、破壊するにすぎない。科学と工業とが、戦略の効果を最終的に決定する。敵対行動は、まず発明家対発明家、研究室対研究室、研究所対研究所の抗争として現われる。すべての新兵器は、恐ろしいほど強力なものでさえ、みな規格により大量に生産されなければならない。そのために、大量の熟練した労働力が必要となり、ときにははなはだ遠方から多くの困難にもかかわらず、原材料を運んでくることが必要とされ、多種の工業を強力に動員し、進歩した高価な加工を行なうことが必要となる。交戦国双方が通常兵器を使用しようとする場合でも、それらの兵器を戦闘の現場まで運搬しなければならない。大洋を越えて行なわれる戦争においては、輸送と陸揚げは非常に複雑な問題となる。船舶のトン数から船艙内での物資の配置にいたるまで、一切を計算しなければならない。戦闘員がいろいろな機材をその組み立ての順序のとおりに取り出して、攻撃用兵器を所要の位置に順序よく配備できるようにするためには、このような計算が大切なものとなるのである。一般に、海・空・道路・鉄道のいずれによるにせよ、遠征軍に対しての補給の問題は、多くの付帯的業務と、注意深い管理と、多数の熟練した要員とを必要とする。

とはいえ、原子爆弾を使用したいという誘惑がやがて支配的なものとなってしまうかというと、これはまだまだ疑わしい。これを使用する場合の戦闘員の役割は、標的を選び出し、これに向けてその場に適した兵器のねらいをつけ、引き金をひくだけのものとなる。このような仕事は、大部分計算機によって行なわれる。この計算機を考察し、組み立て、取り扱うことそのものが、いろいろな種類の専門家が、それも多くの場合昼夜交代で働くことを、前提としている。光学、写真、音響、電磁、電子、赤外線、超音波等々が、標的の探査・標定に、ロケット発射機の照準に、射撃の際の自動照準修正に、無人爆撃機、ロケット・ミサイルその他のあらゆる弾道兵器の無線操縦や遠隔操作に、用いられるようになった。そして間もなく、核爆弾を搭載した宇宙船が絶えず鉛直圏を飛行していることとなろう。これはあたかも、人口百万以上のすべての敵都市のうえに、あのダモクレスの恐ろしいきらきら光る剣を吊るしたようなものである。

このような条件における戦争は、一連の奇襲戦となるであろう。ここにおいて無防備な大衆は、遠くから発射された強力なロケットにより全滅させられるだけである。人間はもはやほとんど戦闘員ではない。彼は、機械の下僕となり被害者となる。ここで人間が行なうよう要求されていることは、定められた部署に留まり、所定の時を知らせる光信号があったならば、二つのハンドルを回し、三つのスイッチを下げるのに必要な反射運動を、間違いなく行なうことにすぎない。

しかしながら、戦争というものはつねにかかわらず、〈生きた肉体のなかに鉄塊あるいはこれに類するものを打ち込むために、不可能なことを行なう〉ことであった。この生きた肉体とはもちろん、いつにかわらず人間であるが、その肉体に鉄塊を打ちこむためのエネルギーは、徐々に人間のエネルギーではなくなってゆき、まったく別の力が必要とされるようになった。

もちろん、考察し、組織し、決断を下すのはつねに個人である。けれどもその決断の結果起こるいろいろな事象は、もはや個人の尺度のものではない。それどころか、これらの決断そのものが、すでに自由な決断ではないように思われる。それらは、明確な意識と責任感のある明晰さとによるものとは思われない。むしろそれは、人間がもうどうにも制御しようのなくなった、巨大な惰性によって課されたものといってよい。現代の戦争の絶対的根源にあるのは、このような恐るべき重みである。現代の戦争には、人間的な意味での原因はもうあり得ない。それは、計り難いほどの厖大な物量の、ゆっくりとした、しかし抗し難い、仮借なき運動により、運ばれてゆくかにみえる。一旦この運動がはじまってしまうと、もうその動きを止めることはできない。この厖大な物量はあらゆる均衡を脆弱なものとし、あらゆる種類の大崩壊を思いもかけぬほど身近なものとしてしまった。目で見ることができず、微妙でしかも奇妙に非物質的なこの戦争は、一種の至上権をもっている。なぜならそれは、現代社会の組織・管理を可能にする無数の機構の、その重みとその硬直さ以外の何物でもないからである。もっとゆるやかな集団生活に立ち戻るためには、何とかしてこの現代社会を脱却する以外に途はない、と考える人が少なからずいるのも無理はない。

とはいえ、この進化を逆転させようとはかること以上に、無意味なことが他にあろうか。それはあたかも、風に吹かれて運ばれてゆく木の葉に対して、風に向かって飛べと願うに等しい。たえず人間を押しつぶそうと脅かすこの根源的な諸力を緩和し、さらにはそれを人間的なものとするためには、よく研究された経済と、多くの計算、多くの方策を用いるしかない。とくにいま最も急を要する仕事は、それぞれの地位にあって謙虚にその職能を果たす人間に対して、明晰な思考と堅固な意志と巧みな技とを与えることによって、不釣合いに巨大なものとなった諸々の力を、柔軟に制御できるようにすることであろう。これらの力を生んだ者が他ならぬ人間であること、またこれらの力が人間の忍耐と才能とによってできたものであることなど、たいしたことではない。人間は、これらの力のまえではいつも引き下がらなければならぬ立場にあり、またそのかけがえのない工業力をもって、これらの力の勢力圏を拡大してゆくことを余儀なくされている。その原因は、技術の進歩ではない。機械そのものは、決して危険なものではない。それは、金属片を精巧に組み合わせたものにすぎないからである。わたくしが恐れているのは、機械を組み立てるために必要とされたところの、あらゆる種類の、数限りない機構・構造・関係・作業なのである。これらは、重みをもってのしかかり、社会のバランスをくずす恐れのある惰力である。現代社会の複雑性は、人間の知的能力を凌駕するものとなった。しかも人間は、類別し、分配し、管理し、予見するために、人間よりもより良く、そしてより早く計算することのできる機械を、ますます多く使用しなければならなくなってきている。

同時にまた、公的な職責に付随する種々の特権がますます大きなものとなりつつある今日、道徳的良心だけでは、これらの特権に対しての誘惑を押えるには、あまりにも不充分のようにみえる。すべてが公的に管理されている国においては、ことにこの傾向が強い。大衆の利益といっても不明瞭なものであり、イデオロギーの勝利もはるかに遠いものである。それにひきかえ、政界人や党派指導者の得る個人的な利益は、間近なものであり、またはっきりしている。このはるかに遠い善と間近な利とを分かち難いものとする狡猾な全体性のあることを、忘れてはならない。国家のかかげる原理は、現実のものにせよ想定されたものにせよ、最高の法でありまた都合のよい口実である。このような国家の原理が至高のものとされるようになったときには、これを掣肘できるような原則や尊厳はもはや何もない。国家原理の猛威を免れ得るような場は、もはやあり得ないのである。

そのほかにも、人間に奉仕するこの巨大な機構は、目に見えないいろいろな方法により、人間に奉仕しながら人間を服従させている。いまはもう、関心のある者はこの問題について考え、どこにその悪がひそんでいるのかを知らなければならぬときである。ところでこれに対処する方法となると、これはまた微妙なそして限りを知らぬ問題である。が、それには物事をその基本においてとらえること、すなわち、人間の問題として、いいかえれば人間の教育から始めることが必要である。たとえ永い年月がかかろうとも、危険なまでに教育の欠如したこのような世界に、本来の働きを回復させる方法としては、わたくしにはこれしか見あたらないのである。とはいうものの、このような遅々とした歩みにより、あの急速に進んでゆく絶対戦争を追い越さなければならぬのかと思うと、わたくしは恐怖から抜け出すことができないのだ。

原　注

序

（1）ここで私がとくにその名をあげておきたいのは、ラウール・ジラルデ氏の『近代フランスにおける軍事社会（一八一五—一九三八年）』（Raoul Girardet, *La Société militaire dans la France contemporaine*（*1815—1938*））と、エミール・G・レオナール氏の『一八世紀の軍隊とその諸問題』（Emile G. Léonard, *L'armée et ses Problèmes au XVIII*ᵉ *siècle*）である。そのほかにも、ガストン・ブートゥール（Gaston Bouthoul）の提示している興味深いいくつかの主題について論じてみたいと思い、また、レーモン・アロンのはなはだ烱眼な分析を、この著の終わりの部分で使わせていただきたいと思う。

（2）*Quatre essais de Sociologie contemporaine*, O. Perrin, Paris.

〔第Ⅰ部〕

第Ⅰ章

（1）L. Frobenius, *Menschenjagden und Zweikaempfe* を参照。

（2）R. Holsti, *The Relation of War to the beginning begin of the State*, Helsingfors, 1913.

（3）H. Spencer, *Principles of Sociology*, II, 365.

（4）Ellis, *The Ewe-speaking People* 参照。Maurice R. Davie, *La Guerre dans les Sociétés primitives*, Paris 1934. のなかでの引用による。

（5）Tregear, *The Maori Race*, pp. 155, 344—347.

（6）Farrer, 《Savage and Civilized Warfare》, Journ. of Anthrop. Inst., IX, p. 362.

（7）Maurice R. Davie, pp. 432—433.

（8）Manava Dharma Sastra, VII, 90—93. 仏訳版、Loiseleur-Deslongchamps訳、Paris 1833, pp. 225—226.

（9）H. Nicolas, *Azincourt*, 1833, appendice 31. Fuller の引用による。仏訳版では *L'Influence de l'armement sur l'histoire*, Paris 1945, p. 73.

第Ⅱ章

（1）『中国の軍学、西暦紀元前古代中国諸将の著になる戦争論集』*Art Militaire des Chinois, ou recueil d'anciens traités sur la guerre composés avant l'ère chrétienne par différents généraux chinois*), Paris 1772. 訳者はアミオ神父（Amiot）。本書は後に北京在住の宣教師の手によって、『中国回顧録』（Mémoires sur les Chinois）の第七巻のなかに再録され、一八七二年、パリにおいて発刊された。孫子については、Lionel Giles による英訳がある（ロンドン、一九一〇年）。アミオ神父訳になる論文の三人の著者について、照合の労をとってくれたGalen Eugen Sargent 氏に心からの感謝をささげる。

（2）〈断章一〉という指示は、同種の他の指示と同様、巻末の断章集に収めた中国文断章を照合するためのものである。（訳注　この断章集は日本語に訳出する必要もないと思うので省略した。したがって、断章照合番号も、本文のなかでは削除した）。

（3）Marcel Granet, *La féodalité chinoise*, Oslo, 1952 (Instituttet for Summenlignende Kulturforsking, A XXII, p. 87).

（4）「礼記」によれば、北を表わす玄武旗は後陣におかれた。軍隊は、つねづね、吉方とされているところの南の方角に進むもの、とされていたからである。南を表わす朱雀旗が先陣におかれたのはそのためである。

（5）アミオ神父の前掲書図版一四。

（6）同図版四。

（7）同図版五。

（8）同図版一〇。

（9）同図版一〇。

（10）Marcel Granet, *La Civilisation Chinoise*, Paris 1929, p. 310.

（11）Hia-Meng, II, 8. Chang-Meng, I, 3, etc… Ch. Letourneau, *La guerre dans les diverses races humaines*, Paris 1895, pp. 234―235の引用による。

（12）Marcel Granet, *Civil. Chin.*, p. 315.

（13）同上注四参照。

（14）H. G. Creel, 仏訳 *Naissance de la Chine*, Paris 1937, pp. 135―150.

（15）M. Granet, *La Féodalité Chinoise*, p. 192.

（16）「礼記」Couvreur訳、第一巻、二三四頁。

（17）Granet, *Civil. Chin.*, p. 315.

（18）Granet, ibid., p. 316.

（19）Granet, ibid., p. 317.

（20）「左伝」Couvreur訳、第一巻、五〇九頁。Granet, *Civil. Chin.*, p. 321 の引用による。

（21）Granet, ibid., pp. 327―329.

（22）アミオ神父、上掲書、一三五頁。

（23）Marcel Granet, *La Féodalité Chinoise*, Oslo 1952, pp. 25―26, 79―80.

（24）Granet, *Civil. Chin.*, pp. 333―334.

第三章

（1）Lewis Mumford, 仏訳 *Technique et Civilisation*, Paris 1950, p. 86. もちろんこれらの熔鉱炉では、釣鐘も鋳造していた。

（2）Lt. de Vaisseau Castex, *Les idées militaires de la marine au* XVIIIe *siècle. De Ruyter à Suffren*, Paris 発行年不明。pp. 144―145.

（3）Archives Nationales (Marine) B4 296, f0 66 sqq. Castex 前掲書、三三四頁参照。

(4) Ullrich, 仏訳 *La guerre à travers les âges*, Paris 1942, p. 183.

(5) John U. Nef, *La Route de la guerre totale*, Paris 1949, p. 49, cf. Hans Speier,《*Militarism in the Eighteenth century*》*Social Research*, Vol. III, 1936, pp. 310—311.

第四章

(1) ***Projet de Discours d'un citoyen aux trois ordres de l'Assemblée de Berry***（ベリー議会に対する一市民の演説草稿）, 1789, 発行場所不明、p. 15.

(2) 前掲書、二〇頁。

(3) 前掲書、二七頁。

(4) 『ヨーロッパにおける政治と軍学の現状についての序説』、二五—二六頁。

(5) 『一般戦術論』第二巻、五頁。

(6) 前掲書第二巻、二八頁。

(7) 前掲書第二巻、三〇—三一頁。

(8) 前掲書第二巻、五頁および七四頁。

(9) 前掲書第二巻、二九—三〇頁。

(10) 前掲書第一巻、一〇四頁。

(11) 『ヨーロッパにおける政治と軍学の現状についての序説』第二部、二九頁。

(12) *Essai sur la Tactique de l'Artillerie*（砲兵戦術論）、一三五頁。

(13) 前掲書第一巻、一四二—一四六頁。

(14) 前掲書第三章（第一巻、一四二—一四六頁）。

(15) 前掲書、一四四頁。

(16) 前掲書、一四五—一四六頁。

(17) 『ヨーロッパにおける政治と軍学の現状についての序説』第一部、三〇頁。

(18) 前掲書、本文一四四頁。

(19) 前掲書第二部、四一頁。

(20) 前掲書第一部、九九頁。

(21) 前掲書第一部、四五頁。

(22) 『一般戦術論』、一六—一七頁、注a。

(23) 『ヨーロッパにおける政治と軍学の現状序説』第二部、三八頁。

(24) 『一般戦術論』第一巻、一〇頁。

(25) 前掲書第二巻、三八—四〇頁。ここでは三頁にわたって、詩集にしてもよいほどの見事な諷刺詩により、無能な内閣と軍人たちが開戦を決め、戦争を続行してゆくその様が描かれている。

(26) 『ヨーロッパにおける政治と軍学の現状序説』第二部、一九—二〇頁。

(27) 前掲書第一部、九頁。

(28) 前掲書第一部、一四頁。

(29) 序文、八—九頁。

(30) 『一般戦術論』第二巻、八八頁。

(31) 前掲書第二巻、九二頁。

(32) 前掲書第二巻、九一―九二頁。難攻不落とおもわれている要衝もこれと同様であって、いつも正面からだけ攻めている故にすぎない。とはいえこのような習慣は、仕来りというものがいかに恣意的なものであるかを表わしている。〈背後から攻撃されたことがなかったために、背後から攻撃される可能性もあるということなど、思いもよらなかった。できあいの観念にもとづく常道とは、こんなものであった。ところが、これほどありそうな話は、ほかにないはずであった〉(『一般戦術論』第二巻、一〇四頁)。

(33) 『ヨーロッパにおける政治と軍学の現状序説』第一部、一八頁。

(34) 『一般戦術論』第二巻、九二頁。

(35) 前掲書、同所。

(36) 前掲書第二巻、八九頁。

(37) 『ヨーロッパにおける政治と軍学の現状序説』第一部、八頁。

(38) 前掲書第一部、二三頁。

(39) 『一般戦術論』第一巻、一六頁。

(40) 前掲書、同所。

(41) 前掲書第二巻、一二二―一二三頁。

(42) 前掲書第二巻、一二五頁。

(43) J. P. Rabaut, *Réflexions politiques sur les Circonstances présentes*, Paris 1791, 第六〇節。

(44) アーノルド・トインビーによる引用、*A Study of history*, vol, IV, London 1939, p. 161, n. 2.

第五章

(1) Saint-Just, *L'esprit de la Révolution*, 第一六章。『サン・ジュスト全集』、パリ、一九〇八年刊、第一巻、二九五頁。

(2) Caron, *La Défense Nationale*, p. 57 からの引用。P. Chalmin 大尉の未刊原稿 *Les rapports entre l'homme et l'Etat dans les armées de la Révolution Française* による。

(3) Chalmin 未刊原稿四八頁。

(4) 陸軍の再編成について、デュボア・クランセの報告を支持するために行なわれた、一七九三年二月一二日の演説。『サン・ジュスト全集』第一巻、四一五頁。

(5) 『サン・ジュスト全集』第二巻、四三二―四四三頁

(6) G. Ferrero, 仏訳 *La Fin des Aventures*, Paris 1931, pp. 268―272.

(7) ジョゼフ・ド・メーストル『サン・ペテルスブルグ夜話』第七話。

(8) 『死後刊行回想録』、第二〇巻一〇章、プレイヤード版第一巻、七七二―七七三頁。

(9) Brinton, Craig, Gilbert による引用。*Makers of Modern Strategy*, 1934, pp. 91―92.

(10) 仏訳『戦争論』第一巻、パリ、一八八六―七年。第一巻九八頁。

第六章

(1) 『新しい軍隊』(*L'Armée nouvelle*) 第二章、一七頁。

(2) 前掲書、一四四頁。
(3) 前掲書、五二七頁。
(4) 前掲書、五二九頁。
(5) 法案第六条。
(6) 『新しい軍隊』、二三〇頁。
(7) 法案第九条。（第九章解説、三〇四―三四〇頁）。
(8) Carnot, *Discours du 1er août 1792 sur la distribution de Piques au peuple entier.*（全国民への武器配布に関する一七九二年八月一日の演説）。ジョレスの引用による（一五八頁）。
(9) 法案第一〇条ならびに第一一条。第一一章、四六五―四九〇頁参照。
(10) 法案第一六条、第一七条ならびに第一八条、五五七頁。
(11) ジョレス『新しい軍隊』、二一八頁。法案第五条参照。
(12) 前掲書、二一五頁。傍点はジョレスによる。
(13) 前掲書、二一八頁。法案第五条。
(14) 法案第一〇条。
(15) 右に同じ。
(16) 『新しい軍隊』、五二〇―五四八頁。

〔第二部〕

序

(1) クインシー・ライト『戦争研究』(Quiney Wright, *Study of War*, 2. vol, Chicago 1943), ジョン・U・ネフ『戦争と人類の進歩』(John U. Nef, *War and human Progress*, Boston 1950)。当然のことながら、叙事詩、戦記物語、戦略論等、戦争についての記述や純技術的な著作は、ここでは扱わないことにする。ラゴルジェットやノヴィコフ等の古い著作は、ほとんど問題に触れていない。そこでは道徳上、法則上の関心、その他の先験的考慮の方が強く前面に押し出されていて、批判的な事実調査と理論的な解釈が不足している。ルトゥルノォの研究（Ch. Letourneau, *La Guerre*, Paris 1895）は、この理論的解釈をほとんどまったく欠いているが、古今東西を通じてのあらゆる社会の戦闘行為をはじめて総括的に記録しようとしたことは評価されてよい。軍事制度のうつりかわりについての研究としては、E・ダニエルス(E. Daniels)の概説とH・デルブリュック(H. Delbrück)の大作とが、いまでも古典とされている。
(2) ルドルフ・オットー、仏訳『聖なるもの』(Rudolf Otto, *Le Sacré*, Paris 1929)、二八―四四頁、ならびに五七―六八頁参照。

第一章

(1) ネフ『全体戦争への道』(John U. Nef, *La Route de la guerre totale*, Paris 1949)、五四頁。
(2) フォッシュ『戦争の原理』(Foch, *Des principes de la guerre*, 4e ed., Paris-Nancy 1917)、二八―二九頁。
(3) 一七九三年八月二三日、国民公会に対して国民総動員を要求した際、バレールははっきりとこのことを述べている。〈フランスがその自由を守るためには、その全人口、全工業、全労働、全才能をこれに捧げなければならない。……すべての市民は、自由の恩恵により生きているのだ。ある者はそのおかげで工業を営み、あるものはそのおかげで財産を保つことができる。ある者はその勧めるところに従うことによりよき生活を送り、ある者はそのおかげで自分の腕を揮うことができる。そしてすべての人びとが、その血管のなかに流れる血潮を、この自由に負うているのだ〉。アーノルド・トインビーによる引用、(Arnold Toynbee, *A Study of History*, t. IV, London 1939)、一五一頁注二。

(4) ヘーゲル『精神の哲学』仏訳 (*Philosophie de l'Esprit*, Trad. Vera, t. II, p. 417)。

(5) 『精神の現象学』、仏訳 (*Phénoménologie de l'Esprit*, trad. Hippolyte, Paris 1941, t. II, pp. 22—24)。

(6) 『法哲学綱要』(*Grundlinien der Philosophie des Rechtes* §324)。H. Lefebvre と N. Gutermann による『選集』(パリ、一九三九年) では二七六頁。

(7) クラウゼヴィッツ『戦争論』、仏訳(*Théorie de la grande guerre*, 3 vol., Paris 1886—7, trad. de Vatry) では、第一巻二一、二六、二九—三〇頁、ならびに第二巻二八一—二八二頁。

(8) 前掲書第三巻第二章「絶対的戦争と現実の戦争」、一一四頁以降。

(9) 前掲書第三巻、一四〇頁。

(10) ジャン・ラゴルジェット『戦争の役割』(Jean Lagorgette, *Le rôle de la guerre*, Paris 1906) 三八一頁。傍点は原文による。

(11) クラウゼヴィッツ、前掲書第三巻、第六章B「戦争は政治の道具である」、一七三頁。

(12) ルーデンドルフ『全体戦争』、仏訳 (Ludendorff, *La guerre totale*, Paris 1937) 九—一四頁。ラウシュニンク『ニヒリズムの革命』仏訳 (*La Révolution du Nihilisme*, Paris 1939)、一一四頁参照。

(13) この言葉は、フェレロが『冒険の終末』(G. Ferrero, *La fin des Aventures*, Paris) のなかで用いたもの。

(14) マスペロ『古代東洋諸民族の歴史』(Maspéro, *Histoire ancienne des peuples de l'Orient*) 第一巻、三四五頁。同三六七—三六八頁、四六七—四六九頁参照。

(15) デュブウ、ヴァルモン共著『韃靼』(Dubeux et Valmont, *Tartarie*, Paris 1848)、二三一—二三二頁。ルトゥルノォ『戦争』(Letourneau, *La Guerre*)、二〇二頁参照。

(16) ベルトラン・ド・ボルン『戦争礼讃』(Bertrand de Born, 〈Eloge de la guerre〉)。ベリー『トゥルバドゥール詞華集』(A. Berry, *Florilège des Troubadours*, Paris 1930)、一二一頁より。

(17) 『人さまざま』(La Bruyére, *Les Caractères*)、「判断」の章。

(18) 同右。

(19) ジョン・U・ネフ、前掲書、四九頁。

(20) クラウゼヴィッツ、前掲書第二巻、二八二頁。

第二章

（1） 私がニーチェをこれら戦争の予言者のうちに加えなかったことを、意外とする向きもあろう。ニーチェは戦争そのものを称揚するよりは、むしろ闘争と苛酷さと暴力を讃えていると思われるので、私は彼を除外した。彼は戦争のうちにある形而上学的な原理を称揚してはいるが、当時の軍事的企てを人間の偉大さの表出として讃美しようとはしなかった。彼にとっては、兵士は超人の先駆などではまったくなかった。戦争を讃える時に彼の頭のうちにあったものは、あらゆる根源的な対立こそ豊饒なるものである、という観念であった。作戦行動による対立よりも、知的、精神的、肉体的対立の方が豊かなものだ、とする考えであった。これに比べるとプルードン、ラスキン、ドストィエフスキーは、ヨーロッパの諸国間において当時行なわれた武力抗争と、将来行なわれるであろう抗争とを、よく意識していたのである。

（2） 蟻が戦争をすることからしてもこの観念は誤りなのであるが、それにしても、それは一種の通念となってしまっている。それは、レオン－ポォル・ファルグにまでみうけられる。〈何世紀にもわたる蒸溜作業ののち、われわれは何滴かの戦争を抽出することになる。この地上から抽出された粋の粋、それが戦争である〉。すべてが過ぎ去ってしまったあとで、これだけが残る。そしてこれのみが人間と人間を近づけ、人間と人間をたがいに兄弟にする。そこには、人間を人間から引きはなす何物もない。そして、最後の審判の雑踏のなかで、人間をその他のものから区別するために、人はこういうだろう。〈人間？ それは戦いをするもののことだ〉（『フィガロ』、一九三八年一月八日）。

（3） プルードン『戦争と平和』（P.-J. Proudhon, *La Guerre et la Paix*, 3e éd. Paris 1861）第1巻、三三、三五、三九、四九、六二、六三—六六、一〇三—一〇四頁等。

（4） ジョン・ラスキン『野生のオリーヴの冠』、仏訳（John Ruskin, *La Couronne d'olivier sauvage*, Paris, 出版年不明）、五三—五六頁。

（5） 前掲書、五七頁。モンテルランにより、『夏至』（H. de Montherlant, *Solstice de Juin*, Paris 1941）二〇九頁注に引用されたもの。

（6） ラスキン、前掲書、五八頁。

（7） 同右、六〇—六三頁。

（8） この著書には、彼がカンバーウェルの労働学院において労働について行なった講演も収録されているが、このなかで彼は、余暇、遊戯、戦争に対して、奇妙にきびしく辛辣な態度をみせている（『野生のオリーヴの冠』、三—三〇頁）。

（9） 同右、七三—七五頁。

（10） ドストィエフスキー『作家の日記』、仏訳（Dostoievski, *Journal d'un écrivain*, Paris 1927）第二巻、一八九—一九七頁。

（11） 同右第三巻、一五五—一七三頁。これら三つの文の題名はつぎのとおりである。「戦争、我ら最強なる者」、「戦争はつねに災厄であるとは限らない。それは救いである場合もある」、「流された血は救いの役に立つか」。

第三章

(1) フリードリッヒ・エンゲルス『反デューリング論』、仏訳第二巻、四七―四八頁、パリ、一九三二年。

(2) 同右、四八頁。

(3) フーラー『歴史に対する軍備の影響』、仏訳 (J. F. C. Fuller, *L'influence de l'armement sur l'histoire*, Paris 1948)、一七九頁注一五。

(4) ジュール・ロマン『ヴェルダン序曲』(J. Romains, *Prélude à Verdun*)、『善意の人々』第一四巻、一四頁。一九三八年。

(5) 同右、一八一―一八二頁。

(6) カイゼルリンク『南米についての考察』、仏訳(Keyserling, *Méditations Sud-américaines*)、六七―六八頁。

(7) フォン・ザロモン『呪われた人びと』、仏訳 (E. von Salomon, *Les Réprouvés*, Paris 1931)、三五八頁。「ああ、もしこれが、自分と対等なものとの戦いだったらどうだろう。はっきりと規則の決った戦い、頭を使う戦い、優雅さをまじえることのできる戦いであったらどうだろう。それが、敵の様子をうかがい、その攻撃をかわし、そのすきを探し、敵の実力をおし計ることのできるような、いわゆる戦いらしい戦いであったならば、私とてどうして敵を欺かずにいるものか。捕虜というものは、いかなる状況のもとでも、苛酷な暴力で脅迫しないかぎり、絶対に本当のことをいうものではない。私は捕虜の気持にまで落ちたくない。監視兵を自分と対等のものと認めることなどできるものか。」これは要するに、対等の者は欺いてもかまわない、ということである。

(8) ランプレヒト (Lamprecht)。

第四章

(1) ルネ・カントン『戦争についての箴言』(René Quinton, *Maximes sur la guerre*, Paris 1930)、五七頁。

(2) 同右、五八―五九頁。

(3) 同右、一五〇―一五一頁。

(4) 同右、一二六頁。

(5) 同右、三一―三二頁、一三二頁注二、一三三頁。

(6) 同右、一六五頁。

(7) 同右、一五九頁。

(8) 同右、七〇頁。

(9) 同右、一三三、一三七、一五五、一七三頁。

(10) ウラジミール・ウェイルデ『ドイツ文学の現況とエルンスト・ユンガーの作品』(Wladimir Weildé, 《*L'état présent de la littérature allemande et l'œuvre d'Ernst Jünger*》、〈La Vie Intellectuelle〉誌。一九三九年七月一〇日、一三四頁。

(11) ユンガー『内的経験としての戦争』(E. Jünger, Der Kampf als inneres Erlebniss)、仏訳『戦争はわが母』(*La Guerre, notre mère*, Paris 1934)。この書はもう今日では見ることができなくなったが、その付録二には、この書の特徴をあらわすいくつかの断章がのっている。この著者は第二次世界大戦中にそれまでとは違った意見を抱くようになったが、ここに現われているのは、彼の本心だったようである。
(12) ユンガー、前掲書、二三三頁。
(13) 同右、二三二頁以降。
(14) 同右、二八頁。
(15) 同右、三〇頁。
(16) 同右、「戦闘以前」。
(17) 同右。
(18) 同右、二四六—二四七頁。

第五章

(1) ラウシュニンク、仏訳『ニヒリズムの革命』(*La Révolution du Nihilisme*, Paris 1939)、一四五頁の引用による。
(2) ウィリアム・ジェームズ『回想と研究』(W. James, *Memories and Studies*, 1911)、二七三頁。フーラー、前掲書、三二頁参照。
(3) 『ドイツ防衛』(*Die deutsche Wehr*) 一九三五年一二月。ダルクール『力の福音』(R. d'Harcourt, *L'Evangile de la Force*, Paris 1937)、二四六頁の引用。
(4) ラウシュニンク、前掲書、一七五—一七七頁参照。
(5) Und wenn die Handgranate Kracht-das Herz uns in Leibe lacht. ダルクール、前掲書、一九一頁の引用。
(6) 『父祖の声』(Die Stimme der Ahnen)、ダルクール、前掲書、二二七—二二八頁。
(7) ダルクール、前掲書、八五頁参照。
(8) 『心に対抗するものとしての精神』(Der Geist als Wiedersacher der Seele)、ダルクール、前掲書、二二七—二二八頁。
(9) 同右、一九〇—一九一頁。
(10) ヒトラー『わが闘争』、仏訳、一五一頁。パリ、出版年不明。
(11) J・ゲッベルス『ミシェル、あるドイツ人の運命』(Michel, la destinée d'un Allemand)。オットー・シャイド『第三帝国の精神』(Otto Scheid, L'Esprit du IIIe Reich, Paris 1936)、二一九頁の引用。
(12) エリー・アレヴィー『圧制の時代』(Elie Halévy, *L'ère des tyrannies*, Paris 1938)、二一三—二一七頁。
(13) フーラー、前掲書、一五九頁。
(14) ルイス・マンフォード、仏訳『技術と文明』(L. Mumford, *Technique et Civilisation*, Paris 1950)、九一頁。
(15) W・リップマン『よき社会』(W. Lippmann, *The Good Society*, 1937)、九〇頁。

第六章

(1) アントニオ・アニアンテ『詩と行動と戦争』(Antonio Aniante, *La poésie, l'action et la guerre*, Paris 1935)、二一九頁。
(2) ポォル・ヴァレリー『現代省察』(Paul Valéry, *Regards sur le monde actuel*, Paris 1931)、一六五—一六六頁。

(3) カイゼルリンク『世界革命』(H. de Keyserling, *La Révolution mondiale*)、六九頁。
(4) ユンガー、前掲書、八八頁。
(5) ルイス・マンフォード、前掲書、九五頁参照。
(6) エルンスト・フォン・ザロモン、前掲書、七二頁。
(7) 同右、九四頁。
(8) 同右、六〇頁。
(9) 同右、一二〇—一二一頁。
(10) P・フェルヴァック『赤軍の将ミハイル・トゥハチェフスキー』(P. Fervacque, *Le chef de l'Armée Rouge: Mikhaïl Toukhatschevski*)。フーラー、前掲書、第七章注二六、二〇九頁の引用による。
(11)『国民を代表する政府と戦争』(*Representative government and War*, 1903)、五、六八頁。フーラー、一五九頁の引用による。
(12) ジョン・ゴードン (John Gordon)『サンデー・エクスプレス』(*Sunday Express*) 一九四四年一二月二四日号より。
(13) 一九〇七年二月二三日、ハーヴァード大学におけるシアダー・ルーズベルトの演説。彼はこの演説のなかで、〈真に偉大であり、誇り高く心気高い国民は、国民の名誉を犠牲にしてあがなわれた無価値な繁栄よりも、むしろ戦争の痛手の方をえらぶに相違ない〉といっているが、これは国家主義ゆえの演説であって、戦争を讃美したものでは毛頭ない。これにひきかえ、〈戦争こそ本当に楽しいスポーツである。これこそ、いくらかの効用をもった唯一のものだ〉というH・L・メンケンの説 (H.-L. Mencken, *Préjudices*, Série V) は、単なる地口にすぎない。
(14) トマス・ウルフ『失われた四人の男』(Thomas Wolfe, *Quatre hommes perdus*)。
(15) ルイス・マンフォード、前掲書、二六七頁。
(16) 同右、二六八頁。マンフォードにとって戦争とは〈機械の持つ陰の面〉なのであって、機械が文化のなかに統合されずにある限り、このまま存続するという。

第七章

(1) 別のおりには、二八五人であったという。フィリップ・ド・フェリス『熱狂した大衆、集団的恍惚』(Philippe de Félice, *Foules en délire, extases collectives*, Paris 1937)、六五—六六頁。アーチボード・ダルゼル『ダホメの歴史』(Archibald Dalzel, *The History of Dahomey*, London, 1793)、一五〇、一五一、二〇四、二〇五頁の引用による。
(2) フェリス、前掲書、一一四—一一六頁。
(3) フェリス、前掲書。
(4) ルース・ベネディクト『文明の形態』、仏訳 (Ruth Benedict, *Echantillons de Civilisations*, Paris 1950)、二〇六—三四頁。M・モォス『交換の古形態としての贈与について』(M. Mauss, 〈Essai sur le don, forme archaïque de l'échange〉《Année Sociologique》, N.S., t. I, Paris 1923—1924)。

訳注

〔第1部〕

第一章

（一）マレシャル・ド・サクス　ザクセン伯モオリス（一六九九―一七五〇）。モォリス・ド・サクスともいう。ザクセン選挙侯フリードリッヒ・アウグストの子。若い頃からオイゲン公、ポーランド王の軍隊に勤務した。一七二〇年よりフランス王の軍隊に勤務し、オーストリア継承戦争で戦功をたて、世紀の名将とされた。晩年はルイ一五世よりシャンボール宮を与えられ、そこで死んだ。

（二）ディーリー　Dealey, James Quayle（一八九九年生れ）。アメリカの政治学者、オハイオ州トレド大学政治学科教授。国際政治、政府間関係を専門としている。ジェンクス Jenks, Edward（一八六一―一九三九）は、イギリスの法学者、政治学者。ロンドン大学英国法教授。法律学会会長。Independent Revue 誌編集長。

（三）オッペンハイマー　Oppenheimer, Franz（一八六四―一九四三）。ドイツの経済社会学者、フランクフルト大学経済学・社会学教授。ユダヤ人の血を引いていたため、一九四〇年アメリカに亡命。

（四）ケラー　Keller, Albert Galloway（一八七四―　）。アメリカの社会学者、エール大学社会学教授。主要著書、Homeric Society (1902), Social evolution (1915), Science of society (1927).

（五）ベアード　Beard, Charles Austin（一八七四―一九四八）。アメリカの歴史学者、コロンビア大学教授。歴史と政治学とを講じた。経済・文化・社会の諸分野を史学に包含した新しい史学を提唱した。関東大震災のあと、東京市政顧問として来日。

（六）バ・ヤカ族、バ・ムバラ族　両種族とも、コンゴ西部カサイ州、クワンゴ渓谷に住む。バントウ族に属し、言語上は、クヴンゴ・クヴィルー諸族に入る。前者は想像力にあふれた彫像をもって知られる。後者はヘンナという植物で体を赤く染める習わしをもつ。

（七）エデュアン族　ガリア人の一部族。ラテン語では Aedui と呼ばれ、中仏東部のニヴェルネ地方およびブルゴーニュ地方に住んでいた。その首都ビブラクトは現在のニェーヴル県ブーヴレー山の上にあったといわれる。ガリア人の多くがローマに反抗したなかにあって、この部族だけは、ウェルキンゲトリクスの反抗のときを除き、ローマ人に対して従順であった。前四八年、クラウディウスは彼らに対して都市としての特権を与えた。

（八）ビクーニャ　ラマの一種で、ペルー、エクアドル、ボリビアの高地に棲む。ラマの種類のうちではもっとも小さい。その毛皮は珍重されている。

（九）トルド　スペイン語で、日よけ幕、テント、転じて土人小屋の意。

（一〇）アザンクール　英語よみではアジンコート。北仏パ・ド・カレ県、アラスの西方四〇キロ。アルマニャック伯の仏軍がヘンリー五世に破れたところ。

（一一）ブレミュール　ノルマンディーに近いユール県内の地名。ルーアンの東南約二〇キロ。

第二章

（一）ディドォ　Didot, François Ambroise（一七三〇—一八〇四）。ディドォ家は、一八世紀初頭より一九世紀を通じて、パリにおいて印刷・出版界に重きをなした一家である。フランソワ・アンブロワーズは初代フランソワの長子。

（二）アミオ神父　Amiot, Jean Joseph Marie（一七一八—一七九三）。王朝時代最後の北京駐在宣教師団の一員。その著 Mémoires concernant les Chinois（中国回顧録）は、極東地域の歴史、風俗、言語を記述したものとして重要なもの。

（三）原文には「孫子」第一〇章となっているが、ここに著者が示している挿話というのは、第一一章にでてくる呉越同舟の挿話である。

（四）該当個所にこのような記述は見当たらない。むしろ「孫子」第一章の内容がこれに近い。

（五）「孫子」本文によれば、この第二の危険とされているのは、愛民、すなわち人民への思いやり、となっている。

（六）クリール　Creel, Herlee Glessner　一九〇五年生れ。アメリカの中国学者、シカゴ大学教授。中国古代史、中国哲学、政治制度の研究家として知られる。

（七）グラネ　Granet, Marcel（一八八四—一九四〇）。フランスの中国学者。一九一一年から一三年まで中国に滞在。帰国後、エコール・デ・ゾート・ゼチュドの極東宗教の研究主任、東洋語学校教授をつとめ、パリ大学に中国研究学院を創立。中国研究の分野に社会学的方法を導入した。

（八）ピュイゼギュール　Puységur, Jacques François de Chastenet ピュイゼギュール侯（一六五六—一七四三）。一六七七年将校となり、一七〇七年までスペインの軍隊に勤務。その間、一七〇二年少将、一七〇四年に中将となる。一七一五年軍法会議議員、同三四年元帥に任ぜられた。その著、Art de la guerre par principes et par règles（原則と法規による戦法）は四八年に出版された。

ジョリ・ド・メーズロア　Joly de Maizeroy, Paul Gédéon（一七一九—一七八〇）。フランスの軍人、軍事理論家。マレシャル・ド・サクスに従って、中佐として七年戦争に従軍。その後一七六三年から、数かずの軍事研究書をあらわした。

モンテククーリ　Montecuculi, Raimundo モンテククーリ公（一六〇九—一六八〇）。Montecuccoli とも書く。ハプスブルク家の軍隊に入り、一六三一年以来スウェーデン軍と戦う。また一六五七年には、ポーランド王ジャン・カジミールを支持してラコッツィーと戦い、翌五八年にはデンマークに味方してスウェーデン軍と戦った。のち陸軍元帥となり、カトリック諸国の軍隊を指揮して、一六六四年サン・ゴッタルト峠にトルコ軍を打ち、一六七二年にはオランダの戦争に参加、七三年にはフランスの将軍チュレンヌをザールに破った。いくつかの軍事著作も残している。
(九) ギベール Guibert, Jacques Antoine Hippolyte, ギベール伯(一七四四―一七九〇)。François Apollini ともいう。廃兵院院長シャルル・ド・ギベールの子。一三歳より父について従軍、七年戦争で戦功をたてた。一七六七年コルシカの戦闘に参加。一七八八年少将。『一般戦術論』に続いて、一七七九年『近代戦法擁護論』(Défense du système de la guerre moderne)を発表。その他にいくつかの文学作品あり。レピナス嬢の文学サロンに出入し、彼女が彼に送った書翰集は文学史上にもよく知られている。彼の軍事著作集五巻は一八〇三年パリで刊行された。

第三章

(一) フーラー Fuller, John Frederic Charles 一八七八年生れ。イギリスの軍人。一八九九年から一九〇二年までボーア戦争に従軍、第一次世界大戦にも従軍して、一九三〇年少将となる。戦争について、多くの興味深い著書がある。
Tanks in the Great War, 1914—1918(1920), War and Western Civilization 1832—1932(1932), The conduct of War, 1789—1961; a study of the impact of the French, industrial and Russian revolutions on War and its Conduct (1966), The decisive battles of the Western World, and their influence upon history (1954), A military history of the Western World (1956), On future Warfare(1928), The second World War, 1939—45; a strategical and tactical history (1948).
(二) クレシー 北フランス、パ・ド・カレ県とソンム県との境にある古戦場。アミアンの北西約五〇キロ。一三四六年八月二六日、この地において、フランス王フィリップ六世とイギリス王エドワード三世のあいだで、百年戦争における最初の大戦闘が行なわれた。
(三) マルクス・グラエクス Marcus Graecus 紀元一〇世紀ごろ生存したとされているが、どんな人物なのかほとんどわかっていない。ただ、Liber ignium ad Comburendos hostes(火攻めの書)と題する書物が彼の作とされていて、このなかには、軍艦を火攻めにする薬材のつくり方、火酒やテレビン油の蒸溜法など、そのほかいろいろの奇妙な薬材の処方とともに、火薬の処方が記されている。
(四) ウェゲチウス Flavius Vegetius Renatus 紀元四世紀末のローマの文人。De re militari(兵法論)という軍学書の著者。彼はこの書のなかで、ローマ史上の各時代におけるローマ軍の組織と戦術について記録している。
(五) アンリ・ド・ピュイゼ Puiset はパリの南南西約一〇〇キロ、ユール・エ・ロワール県の東南にある小村。ここを領していた男爵は、掠奪により、カペー王朝初期の諸王を悩ませた。
(六) フィリップ・オーギュスト フランス王フィリップ二世(一一六五―一二二三)、ルイ七世の子。イギリス王ヘンリー二世とリチャード獅子心王に対する戦い、また一二一四年ブーヴィヌにおける戦勝によって知られている。彼はフランスの領土を拡大し、王権を強化した。ルーヴル宮殿の最初の建築を行ない、ノートル・ダム寺院の建立を計画、パリを王国の主都とした。城壁をつくり、市場を開き、主要街路を舗装した。はじめの妻を失ってのちは二回結婚し、この問題で教皇と対立した。

(七) アリオスト ルドヴィコ・アリオスト(一四七四―一五三三)。イタリア、ルネサンス時代の詩人。

(八) ジャン・パオロ・ヴィッテルリ Vittelli, Gian Paolo(一四四〇―一四九九)。イタリアの傭兵隊長。教皇エウゲネス四世につかえていたが、やがて彼が自分の強敵となることを懸念した教皇は、ローマにおいて彼を殺させた。

(九) バヤール Bayard, Pierre du Terrail,(一四七三頃―一五二四)。フランスの名将。シャルル八世、ルイ一二世、フランソワ一世につかえて、大きな戦功をたてた。なかでも、ブレスキア攻囲(一五一二)、ラヴェンナの戦い、メジエール防衛(一五二一)は有名である。また、二〇〇人のスペイン騎兵を相手にしながら、彼一人でガリヤーノの橋を守ったという。その武勇により、「恐れを知らぬ、非のうちどころなき騎士」と呼ばれたが、アビアティグラッソの戦いで、火縄銃の弾丸に倒れた。

(一〇) モラ スイス、フリブール州の町。ヌーシャテル湖の近くにある。ブルゴーニュ公、シャルル豪胆公がここに破れた。

(一一) オランイェ公マウリッツ(一五六七―一六二五)。ナッサウ侯マウリッツともいわれる。オランイェ公ウィレム一世の子。一六一八年、ユトレヒト同盟七州よりなるネーデルランド連邦共和国の統領となる。

(一二) マクシミリアン(一四五九―一五一九)。オーストリア皇帝フリードリッヒ三世の子。シャルル豪胆公の娘、マリー・ド・ブルゴーニュをめとる。ルイ一一世と争い一四七九年これを破り、イタリア戦争中フランスと対立し、息フィリップ一世とスペイン皇女との結婚を行なわせ、後のハプスブルク家によるスペイン支配の布石をした。カルル五世は彼の孫にあたる。

(一三) ゴンサロ Gonzalo Fernandez de Cordoba(一四五三―一五一五)。スペインの武将。彼はまず、グラナダ、ルセナ、ボアブディルをモール人から奪い返してその武名をあげた(一四八三)。スペイン王フェルディナンド五世は、イタリアにある自分の権益を守るために、彼をイタリアに派遣した(一四九五)。九六年にはナポリ王の援助におもむき、フランス軍と戦い、一旦は破れたが、一ヵ月後にこれを破った。この戦功により彼は、テラノーヴァとサンタンジェロの公爵領を得た。その後ナポリ王国の副王となったが、一五〇六年フェルディナンド五世に呼びもどされ、グラナダで死んだ。

(一四) アインベック ドイツ、ハノーヴァー近くの町。

(一五) ブロイ ヴィクトール・フラソワ・ド・ブロイ(一七一八―一八〇四)。

(一六) ロクー Rocout ベルギー、リエージュ近くの小村。一七四六年、マレシャル・ド・サクスが、ここでイギリスとオーストリアの連合軍を破った。

(一七) ラーフェルト Laafelt ベルギー、リンブルフ州の小村。トンヘーレンの北東約一五キロ、マーストリヒトより四キロ。一七四七年七月二日、マレシャル・ド・サクスがイギリス軍を破った。

(一八) ダウン Daun, Joseph Marie Leopold (一七〇五—一七六六)。オーストリアの将軍。ウィーン生れ。一七五七年、コリンにおいてフリードリッヒ二世を破った。彼は、オーストリアのファビウス・クンクタートルというあだ名をもっていた。これは、イタリアにおいてハンニバルの進撃をはばんだファビウス・マクシムスが、クンクタートル(ためらう人)とあだ名されていたことによる。

(一九) コリン チェコスロヴァキア、プラーグ近くの町。

(二〇) ギッシャン Guichen, Luc-Urbain du Bouexic, ギッシャン伯(一七一二—一七九〇)。フランスの提督。一七四六年、四八年、五七年にイギリス海軍と戦って戦功をたて、七六年艦隊司令となる。七八年、フランス、ブルターニュ半島の先端ウエッサン(Ouessant)の海戦に参加。七九年中将となり、イギリス侵攻のために編成されたフランス・スペイン連合艦隊の一隊を指揮した。八〇年、アンティーユ諸島にてイギリスのロードニー提督を破ったが、この勝利は決定的なものではなかった。

(二一) マッセンバッハ Massembach, Christian (一七五八—一八二七)。プロイセンの男爵。ホーヘンローエ家の補給指揮官として一八〇六年の戦役に参加したが、イェナとプレンツラウの敗北の責任を問われる身となった。彼は弁明のため一八〇八年より一〇年にかけていくつかの書を公にしたが、これは他の要人たちの悪をあばくものであった。一八一七年、旧悪の暴露をたねにしてプロイセン宮廷から金をおどし取ろうと試みたかどにより、一四年の禁錮に処せられたが、一八二六年恩赦となった。

(二二) ハインリッヒ (一七二六—一八〇二) プロイセンの将軍、フリードリッヒ二世の弟、七年戦争で功績をあげ、のち外交においても活躍した。

(二三) ディラキウム アドリア海に面したアルバニアの港。ドゥラッツォあるいはドゥレッスと呼ばれる。ガリア征服後、ポンペイウスに牛耳られた元老院の命令を拒否したシーザーは、ルビコン河を渡ってローマに攻め入り、ポンペイウスを東方に走らせ、イタリアをその手中においた。その後、スペインを従えてのちアドリア地方に軍を進めた彼は、ディラキウムにおいてポンペイウスを攻囲しようとして果さなかったが、前四八年、テッサリアにおいて決定的な勝利を得ることができた。

(二四) ロクロア フランス、アルデンヌ県、ベルギー国境近くの町。一六四三年コンデ公はこの地において、ドン・フランシスコ・デ・メロとフエンテス伯の率いるスペイン軍を破った。

(二五) ベルウィック Berwick, Jacques Fitz-James ベル

ウィク公(一六七〇—一七三四)。イギリス王ジャック二世とアラベラ・チャーチルの庶子。フランスに帰化し、一七〇六年元帥となる。スペインのアルマンサにおけるイギリス軍との戦い(一七〇七)、およびアルプスにおけるドイツ皇帝軍との戦いにおいて武名をうたわれたが、バーデンのフィリップスブルク攻囲戦で戦死した。

(二六) ビューロウ Bülow, Adam-Heinrich Dietrich ビューロウ男爵(一七五七—一八〇七)。プロイセンの軍人、軍事研究家。一七七三年より一六年間プロイセン軍に勤務したが、彼の軍事研究書はプロイセン政府の反感をかい、彼は投獄され、リガにおいて獄死した。

(二七) デルブリュック Delbrück, Hans (一八四八—一九二九)。ドイツの歴史家。ヘッセン州ベルゲン生れ。多数の軍事研究書を残した。『フリードリッヒ、ナポレオン、モルトケ、新旧戦略論』(一八九二)、『戦争と政治』(一九一四—一九一九)等。一九一九年、第一次世界大戦後の平和会議には、ドイツの戦争責任問題について学識参考人として出席した。

(二八) シュワズゥル Choiseul, Etienne François シュワズゥル公、スタンヴィル伯(一七一九—一七八五)。オート・マルヌ県の古い家柄の出身で、一七五八年から七〇年まで陸海軍大臣をつとめ、スペインと結んで海外領土を守り、アメリカ独立戦争に派兵し、かずかずの軍事改革を行なった。ロレーヌとコルシカの併合は、その大臣在任時代に行なわれた。百科全書の発行にも理解を示したが、一七七〇年に失却して引退した。

(二九) サン-ジェルマン伯 Saint-Germain, Claude Louis (一七〇七—一七七八)。フランスの将軍、ジュラの生れ。七年戦争に戦功があった。一七七五年チュルゴォに招かれて軍事省に入り、かずかずの軍事改革を行なった。すなわち、軍の士気を高め、大貴族をしりぞけて小貴族を優遇し、指揮権の売買を禁止し、士官候補者が軍事講義を受けることを義務づけ、砲兵隊の強化を行なった。彼が行なったこれらの改革は、のちにフランス革命によりさらに強力に推進されることになった。

(三〇) ルーヴォア Louvois, François Michel Le Tellier, ルーヴォア侯(一六七一—一七三二)。軍務長官ル・テリエの子。ルイ一四世の時代にフランス軍をヨーロッパ最強の軍隊に育てた功労者とされる。彼が創始した軍隊制度は、アンシャン・レジームの末まで行なわれた。当時までは、連隊も中隊もそれぞれの長の所有物であったが、彼はこれを王の軍隊に改組した。そのほか、徴兵法、装備、兵員教育、廃兵福祉などに新しい制度を導入した。

(三一) ティモニエ Thimonnier, Barthélemy (一七九三—一八五七)。フランスの発明家。もと仕立屋であったが、ミシン(ほとんど木製)を発明して一八三〇年特許をとり、翌年には会社を組織してこのミシンを製造し始めたが、労働者の烈しい反対にあい、一時中断を余儀なくされた。のちさらに改良を加え、四八年にはその最新型のパテントをマンチェスタのある会社に売った。

(三二) ヌゥシャテル　スイス北西部、ジュラ山脈のふもと、ヌゥシャテル湖にのぞむ都会。

(三三) セルヴァン　Servan, Joseph（一七四一—一八〇八）。南仏、ドローム県ロマン・シュール・イゼール出身。

第四章

(一) レピナス嬢　Lespinasse, Julie Jeanne Eléonore de（一七三二—一七七六）。リヨン生れ。ダルボン伯夫人の私生児。デファン侯夫人のサロンで才女としての名を広め、のち彼女自身のサロンにはテュルゴォ、ダランベール、マルモンテル、その他のアンシクロペディストたちが集まっていた。彼女がギベール伯に送った書簡は一八〇九年に刊行された。

(二) ブリエンヌ　Brienne, Etienne Charles de Loménie de（一七二七—一七九四）。フランスの枢機卿、トゥールーズ大司教、アカデミー・フランセーズ会員。マリー・アントワネットの支持をうけ、カロンヌにかわって財務長官となり、一七八七年から八八年にわたり宰相となったが、財政危機の解決に失敗し、議会を敵とする立場に陥った。ここで彼は三部会を召集したが、ルイ一六世は世論緩和のために、彼をしりぞけてネッケルをこの地位につけた。革命後は枢機卿の地位をしりぞき、新体制への共感を表明したが、二度にわたって逮捕され獄死した。

(三) ブールジュ　フランスの中央部、シェール県の県庁所在地。中世より中仏ベリー地方の主都とされていた。

(四) パオリ　Paoli, Pascal（一七二五—一八〇七）。一七五五年コルシカ島の首長となり、フランスがこの島を併合するのに抵抗したが、一七六八年敗北してイギリスに亡命。革命後立憲議会に召喚されてコルシカ軍の将となったが、国民公会と衝突し、島よりフランス人を追放してイギリスと結んだ。しかし後に島を追われてイギリスに逃れ、ロンドンで死んだ。

(五) ラボー・サンテチエンヌ　Rabaut-Saint-Etienne, Jean-Paul（一七四三—一七九三）。立憲議会議員、国民公会議員。ジロンド党員として、ギロチンにかけられた。

(六) ヴォルネー　Volney, Constantin ヴォルネー伯（一七五七—一八二〇）。フランスの学者、自由主義者。文学、歴史、哲学に業績を残す。青年時代シリア、エジプトに旅行。三部会議員をへて一七九〇年立憲議会の書記となる。恐怖政治時代は投獄されていたが、一七九四年師範学校の歴史学の講座を担当。ルイ一八世時代には上院議員であったが、自由主義の立場をつらぬいた。

第五章

(一) カミザール　ナントの勅令の廃止後、南仏セヴェンヌ地方においてルイ一四世に反抗したプロテスタント教徒。この地方で camiso といわれる白いシャツを着ていたことからその名がある。Jean Cavalier, Ravanel, Rolland がその指導者として知られている。ブロイ伯やモンルヴェルが失敗してのち、ヴィラールが熾烈な戦闘ののちこれを鎮圧した。

(二) バヴィル　Bâville, Nicolas de Lamoignon de（一六四八—一七二四）。フランスの行政官。一六六六年弁護士、一六七〇年最高法院議員となり、一六八五年から一七一八年まではポアティエとモンペリエの代官。三三年間にわたり、〈ラングドック地方の暴君〉と呼ばれるほどに、プロテスタントの迫害に努力した。

(三) シャミヤール Chamillart, Michel de (一六五一—一七二一)。ルイ一四世の子供の教育に当たり、王自身に対しても大きな影響力をもっていたマントノン夫人の推挙により、一六九九年財務長官となり、一七〇一年軍事大臣。ルイ一四世も彼を支持していたが、この時代はこの王の治世においても最も困難な時代だった。シャミヤール自身は公明正大な人物であったが、与論の不満をかい、一七〇九年辞職。彼がこのような重要な職責にあったのは撞球に巧みであったためだとする中傷もあるが、事実ではない。

(四) デュボア-クランセ Dubois-Crancé, Edmond Louis Alexis (一七四七—一八一四)。一七八九年三部会議員となり、革命後は国民公会議員、執政官政府時代末期には軍事大臣。徴兵制の実施と革命軍の確立に努力した。

(五) ヌフシャトォ フランス東部ヴォージュ県西部の町。

(六) ヴォージュ ストラスブールの西南に位置する県の名。ロレーヌ地方の南部をなす。

(七) コット・ドール 東フランス中部にある県の名。セーヌ川はここにその源を発する。県庁所在地はディジョン。

(八) サ・イラ フランス革命時代民衆のあいだに歌われた革命歌。作曲はベクール (Bécourt)、作詩はラドレ (Ladré) ともポアリエ (Poirier) ともいわれる。ベクールは一七八六年頃ボージョレの小劇場オーケストラにいたバイオリニスト。革命勃発後、ラドレという地方廻りの歌手が、ベクールの作ったメロディーの一つをとって、これにサイラ (ça ira できるぞ、さあやろうの意) という言葉で始まる以下のような詩句をつけた。

Ah! ça ira, ça ira, ça ira!
Par les flambeaux de l'auguste assemblée,
Ah! ça ira, ça ira, ça ira!
Le peuple armé toujours se gardera,
Le vrai d'avec le faux on connaitra,
Le citoyen pour le bien soutiendra,
Ah! ça ira, ça ira, ça ira! …

Ah! ça ira, ça ira, ça ira!
Lafayette dit : Vienne qui voudra!
Ah! ça ira, ça ira, ça ira!
Le patriotisme leur répondra,
Sans craindre ni feu ni flamme,
Le Français toujours vaincra.
Ah! ça ira, ça ira, ça ira! …

これにさらに Ah! ça ira, ça ira, ça ira!/Les aristocrates à la lanterne, (ああ、サイラ、サイラ、サイラ、貴族たちは縛り首だ) の句を加えたものは、テロリストの集合の歌とされた。

(九) キルヒハイムボーランデン 西南ドイツ、ラインランド・

プファルツ州ドンネルスベルク地方にある町。マインツの南南西約四〇キロ。
(一〇) シャロン パリの東方約一七〇キロ、マルヌ県の都市。
(一一) ジュマップ ベルギー、エノォ州、モンス西方の町。一七九二年一一月六日、デュムーリエがザクセン・テッシェン公の率いるオーストリア軍を破ったところ。
(一二) ホンツホーテ フランス最北端ノール県、ベルギー国境近くの町。一七九三年ウシャールの率いるフランス軍が、英蘭墺連合軍をここに破った。
(一三) ワティニー フランス、ノール県南部、モブゥージュ近くの小村。一七九三年一〇月六日、ジュルダンとカルノォがオーストリア軍を破ったところ。
(一四) マレ・デュ・パン Mallet du Pan, Jacques (一七四九―一八〇〇)。ジュネーヴの著述家。一七八三年から八八年にかけて「ジュネーヴ歴史政治論叢」を発行。一七九二年には、王室の秘密特使として諸外国の王家を歴訪した。その著『フランス革命考』(一七九三) と『回顧録』(一八五一) は、興味深いフランス革命史として知られている。
(一五) ダヴー Davout, Louis Nicolas (一七七〇―一八二三)。アウエルシュテート公、エヒミュール公、元帥。革命時代、帝政時代のかずかずの戦争に勇名をはせ、ナポレオン麾下の名将とうたわれた。一八〇六年アウエルシュテートにおいて自軍の三倍に及ぶプロイセン軍を破ったこと、一八一三年ハンブルクの防衛など有名である。一八一五年百日天下の際には軍事大臣をつとめた。
(一六) コーブルグ ザクセン・コーブルグ公フリードリッヒ・ヨジアス(一七三七―一八一五)。オーストリアの元帥。ネールヴィンデンではデュムーリエを破ったが、のちにフランス・ベルギー国境近くのトゥールコワンではモロォに、フルゥリュスではジュルダンに破れた。
(一七) ウルムセル ウルムセル伯ダゴベルト・ジギスムント(一七二四―一七九七)。オーストリアの将軍。ストラスブール生れ。一七九六年から翌年にかけて、イタリアにおいてカスチリヨーネ、ロヴェレト、マントーヴァにボナパルトと戦い、敗れて降伏。
(一八) ヴァルミー フランス、マルヌ県の小村。ランスの東南東約五〇キロ。一七九二年九月二〇日、デュムーリエとケレルマンがプロイセン軍を破ったところ。このとき両軍最初の衝突においては五〇〇の戦死者をかぞえたが、その後連合軍が後退したことは歴史の謎とされている。
(一九) モーゼル フランス東部、ルクセンブルクとザールに隣接する県。普仏戦争によりドイツに割譲されたが、第一次大戦後ドイツより返還されて現在に至る。
(二〇) ジュルダン Jourdan, Jean-Baptiste (一七六二―一八三三)。フランスの将軍、リモージュ出身。フルゥリュスの戦勝 (一七九四) により有名。ルイ・フィリップの時代には廃兵院長をつとめた。
(二一) クレベール Kléber, Jean-Baptiste (一七五三―一八〇〇)。フランスの将軍、ストラスブール出身。一七九二年志願して入隊、マインツの攻撃に参加、フルゥリュスの戦いに功あって、ライン軍司令官となる。エジプト遠征に参加してアレキサンドリアを攻撃したが、パレスチナでエジプト兵に殺された。

(一二二) ヴィエンヌ フランス中西部の県。県庁所在地はポアチエ。

(一二三) デュムーリエ Dumourier, Charles-François (一七三九—一八二三)。フランスの将軍、カンブレ出身。ヴァルミーとジュマップの戦いに勝って、ベルギーを制圧した。のち国民公会により罷免されると、敵軍に走った。

(一二四) ウシャール Houchard, Jean-Nicolas (一七三八—一七九三)。フランス革命時代の将軍、フォルバック出身。一七九三年九月八日、彼はホンツホーテにおいてイギリス軍を破った。ところが彼がただちに追撃をしなかったことは、敵軍に対して挽回の機会を与える結果となった。そのため彼は逮捕され、ジュルダンがこの任をつぎ、同年一一月に至り、ウシャールはギロチンにかけられた。

(一二五) フェレロ Ferrero, Guglielmo (一八七一—一九四二)。イタリアの社会学者、歴史学者、ポルティーチ出身。その著『ローマ盛衰史』は独創的な研究として有名。

(一二六) モロォ Moreau, Jean-Victor (一七六三—一八一三)。一七九六年ライン・モーゼル軍団の指揮官となり、イタリアに転戦。ホーヘンリンデンではライン軍を指揮してオーストリアのヨハン大公を破る。やがてボナパルトの競合者となったが、王朝派と談合したかどにより追放された。その後、アメリカより帰欧してからは、ロシア軍に身を投じてフランスと戦ったが、ドレスデンで戦死した。

(一二七) ジョミニ Jomini, Henri (一七七九—一八六九)。スイス人の血を引くフランスの将軍。はじめはボナパルトの麾下にあってネイ将軍の参謀長をつとめたが、一八一三年からその翌年にかけては連合軍の将として転戦。天才的な戦略家として知られ、また、すぐれた軍事研究書を残している。

(一二八) アルキダモス スパルタの五人の王の名。アルキダモス二世は、前五世紀アテナイ人を破った。同三世(前三六一—三三八)はアゲシラオス大王の子で、フォシス人、タレント人を助けた。

第六章

(一) ジルベール Gilbert, Georges-Jean-François (一八五一—一九〇二)。エコール・ポリテクニック出身。普仏戦争には少尉として従軍し、パリ防衛とコミューン鎮圧に参加。一八七六年大尉。いくつかの軍事研究書を残した。

(二) 国民軍 大革命はフランスの軍隊組織にも大きな変化をもたらし、一七九三年八月二三日の動員令により、すべてのフランス男子が徴兵の対象とされるようになった。その後軍隊の組織にはいく度かの改変が加えられたが、一八七二年七月二七日の法令により、兵役不適格者を除くすべてのフランス男子は、まず五年間現役に、ついで四年間予備役に、つぎの五年間は国民軍現役、そして最後の六年間国民軍予備役にそれぞれ編入され、各期間において所定の兵役義務を果たすことが決められた。これら四つの期間の年数は、その後何度か変更され、一九一三年七月一九日の法令では、それぞれ、三年、一一年、七年、七年となった。一九二三年に至りこの兵役制度は呼称・年限とも大きく変えられたが、第一次大戦にはこの制度が重要な役割を果たしたといえる。

〔第二部〕（全章通し番号によって示す）

(一)　フォントノア　ベルギー南西部エノオ州トゥールネー近くの小村。

(二)　フォン・デル・ゴルツ　Von der Goltz, Colmar 男爵(一八四三—一九一六)。一八六六年ボヘミア戦争、一八七〇年普仏戦争に従軍。戦術および軍事史の研究家として著名。トルコ軍に招かれてその再編につくし、のちヴィルヘルム二世の参謀、一九一一年元帥。一九一五—一六年には中東においてトルコの第一軍と第六軍を指揮し、みずからゴルツ・パシャと称した。

シュタインメッツ　Steinmetz, Karl Friedrich von(一七九六—一八七七)。プロイセンの将軍。一八一三年軍隊に入り、シュレスヴィッヒ（一八四八）、ボヘミア（一八六六）の戦争に従軍。一八七〇年サン・プリヴァの戦闘についてモルトケの批判を受け、第一軍司令官の任を解かれ、のちポズナニとシュレジエンの総督を命ぜられた。

ベルンハルディ　Bernhardi, Friedrich von（一八四九—一九三〇）。ドイツの将軍、クラウゼヴィッツの後継者。戦略、哲学、歴史にあかるく、パンゲルマニズムの軍事理論家として、いくつかの著書がある。ドイツにとって戦争は義務であり道徳的に要求されているものだとするその意見は、第一次大戦のパンゲルマニズム、第二次大戦のナチズムの基盤となった。

(三)　アスルナジルパル　アッシリアには同名の王が二人あるが、ここでいうのは第二世（在位、前八八三—八五九）。残虐なる征服者として知られるが、彼が首都カルクー（ニムロード）に建てた宮殿の浮彫りは、古代アッシリア美術のうちでも重要なものとされている。

(四)　ボルン　Born, Bertran de（一一四〇頃—一二一五）。フランス中世の吟遊詩人。オートフォール子爵として広大な領地を所有。父の所領を一人で継ぐために二度にわたり弟コンスタンタンと戦った。彼はその烈しい好戦的な詩によって、英王子たちを父ヘンリー二世に刃向かわせ、十字軍として聖地に赴いたリチャードをはげまし、フィリップ・オーギュストと戦う彼を支援した。彼の詩は、戦争詩・地方文学の傑作とされている。

(五)　チルナー　Tzschirner, Heinrich Gottlieb（一七七三—一八二八）。ドイツのプロテスタント神学者。ヴィッテンベルク大学、のちにライプツィッヒ大学の神学教授。

(六)　イープル　ベルギー、西フランドル州、フランス国境近くの都市。中世ヨーロッパ最大の毛織物産業都市の一つとして繁栄し、その製品はノヴゴロドやイタリアを含む各地に輸出され、一四世紀初頭三万の人口を持つ大都市だった。第一次大戦中を通じて、この都市を中心とする南北約四十キロの地帯は、英独二軍のあいだの最大の激戦地となった。一九一五年四月二二日、ドイツ軍がはじめて毒ガスを使用したのは、この都市の北方約一〇キロのランヘマルクにおいてである。

(七) カントン Quinton, René(一八六七―一九二五)。フランスの生理学者、コレージュ・ド・フランスの生理病理学研究室助手。生命は海水より生れたのであり、海水こそ生命の基盤であるとし、海水を治療に用いるという説を唱えた。『有機体の場としての海水』(一九〇四)という著書により知られている。

(八) ローゼンベルク Rosenberg, Alfred (一八九三―一九四六)。ナチズムの理論家。ロシアに生れ、ボルシェヴィキ革命を目撃し、烈しい反共・反ユダヤ主義者となる。一九年ヒトラーとあい、二三年のクーデタに参加、四一年東部戦線占領国担当の国務相となり、ユダヤ人の収容・処刑を司令。戦後ニュールンベルク裁判により絞首刑に処せられた。

(九) アレヴィー Halévy, Elie (一八七〇―一九三七)。フランスの政治評論家。作家リュドヴィク・アレヴィーの子。哲学アグレジェ。エコール・リーブル・デ・シアンス・ポリティック教授。Théorie platonicienne des sciences (1896), Formation du radicalisme philosophique (1901―1904), Histoire du peuple anglais au XIXe siècle (1913―1923).

(一〇) アニアンテ Aniante, Antonio (一九〇〇生れ)。イタリアの作家。本名はA・ラピザルダ。喜劇『アラビアのジェルソミーノ』(一九二六)で文学界に名を知られるようになり、その後ボンテンペルリの雑誌の寄稿者。多くの小説を書き、代表作は『タオルミーナの最後の夜』(一九三〇)、『あまりに早く老けてしまった一青年の記録』(一九三〇)など。フランスに移住し、仏語で書いた作品も成功を博した。

(一一) カイゼルリング Keyserling, Hermann 伯爵(一八八〇―一九四六)。ドイツの哲学者、文筆家。東洋にしばしば旅行した彼は、西欧が東洋のうちにひそむ知を認識し、これをみずからのうちに取り入れなければならないとし、機械文明と衆愚の横行におびやかされた現代に精神的価値を復活させることを訴えた。

(一二) ザロモン Salomon, Ernst von (一九〇二―一九七二)。ドイツの作家。一九一八年幼年学校を出て、一九年より二一年まで、バルチック地方において一次大戦終了後も続いたゲリラ戦に参加。二二年外相ラーテナウの暗殺に加担したかどで五年間投獄された。処女作は『見はなされた人々』(Die Geächteten)(一九三〇)。ヒトラー政権下では一作も発表せず、五一年 Der Fragebogen、六一年 Das Schicksal des AD 等を発表した。

(一三) ピェルーン 東方スラヴ族のあいだでキリスト教布教以前にあがめられていた神の一つ。雷と稲妻の神であるが、雨をもたらす農業の神としてあがめられていた。階級の形成が進むにしたがってこの神もその性質が変化し、一〇世紀ごろには支配者である王侯階級の保護神となり、キリスト教化後は聖イリヤとして信仰されていた。

(一四) ホームズ Holmes, Oliver Wendell (一八四一―一九三五)。合衆国最高裁判所判事。父は同名で、詩人、作家として知られている。法律関係の著書もいくつか残している。

(一五) クワキウルト　カナダ西南部、ブリティッシュ・コロンビア州ヴァンクーヴァーの北に住むインディアン部族。言語による分類ではモーサン語族に属す。

訳者あとがき

本書は、Roger Caillois : *BELLONE ou la pente de la guerre*, Renaissance du livre, Bruxelles 1963 の全訳である。原題を直訳すれば、「ベローナ、戦争への傾斜」となり、現代社会が坂道をころげ落ちるように戦争へと向かってゆく、その趨勢を意味している。しかし、邦訳されたカイヨワの著書の多くに見られるように、原題はわが国の出版物の題名としていささか不向きに思われたので、一応これを改題した。

カイヨワはこの書により、その発行の同年、《国際平和文学賞》を受けた。彼はその前年、『ポンス・ピラト』と題された著書により《コンバ賞》という賞を受けているので、これは二度目の受賞であった。

原題のベローナ (Bellone) というのは、ローマ人のあいだで祭られていた戦争の女神であって、軍神マルスの妹とも妻ともいわれる。ローマ人はギリシア文化との接触が深まるにしたがって、自民族古来の神々の名のもとにギリシアの神々をとりいれ、こうすることにより自民族の神々を忘れていってしまったので、このベローナもその内容の上では、ギリシアの女神エンニョオと同じものになってしまっている。この女神は、鎧兜に身を固め、手にはたいまつ、槍、棍棒、あるいは鞭を持った姿で表わされている。この女神の神殿は二つあったが、その新しい方のものは、アッピウス・クラウディウス・カエクスにより、前三世紀サムニウム人との戦争の勝利のあと建てられた。この女神を祭る祭司たちは、祭礼のおり、黒い衣をまとい、みずからの腕に傷をつけ、そのほとばしる血を観衆に浴びせながら踊り狂ったという。カイヨワがその著書に、また書中の各章各節につける題名は、その巧みな比喩と深い含蓄により、みな非常に巧妙にできているが、本書の文中に「ベローナ」という言葉が一度として顔をだきぬのも心にくい。

原書は、序、第一部、第二部、結び、付録の五つの部分から成っている。これらのうち最も早く書かれたのは第二部であって、著者の序にも述べられているように、一九五一年、原著の出版に先だつこと一一年、他の著作の一部として発表された。その後第一部を構成する各章が完成し、ここではじめて、著者が最初に意図したようなまとまった一作としての著作ができあがり、結びと序がこれに加えられたわけである。なお、第一部の第二章と第二部と付録については、若干の了解をいただきたい点があるので、以下簡単にその理由を記しておく。

まず第一部の第二章についてであるが、これは中国の春秋戦国時代の戦争についての考察にあてられている。そしてそこには、孫子、呉子、司馬法、礼記、左伝等からの引用がかなり多く見うけられる。

中国の古典はわが国の古典でもある。わたくしたちの祖先は、漢文の素読という、世界にも類をみぬ独特の外国語読解法を発明して、これを自分のものとした。しかしながら、一つの漢文を読み下し文にしてみると、漢文と和文との相違はおおうべくもない。アミオ神父が孫子・呉子・司馬法をフランス語の読み下し文にした場合には、年代の違いのうえにさらに大きな文明の質的相違が加わって、たくさんの補足的記述が必要とされたことは当然である。

しかし歯に衣きせぬいい方をすれば、アミオ神父のこの訳は、原文の翻訳というよりは、むしろ、原文についての自由かつ大胆な解釈記述といった方がよいであろう。したがって、多くの文章が、わが国で一般に解釈されている意味とはかなり異った文脈で表現されていて、その仏文と原文とを照合してみても、どの仏文がどの原文に対応するのか不明の個所さえまま見うけられた。

よく知られている呉越同舟の一節は、孫子のなかの九地と題する第一一章に出ているが、この原文と、これに対応するアミオ神父の訳文の和訳とを示せば、次のようになる。

〈夫呉人与二越人一相悪也。当二其同舟済一、而遇レ風。其相救也如二左右手一。〉

〈呉の国の兵士たちが、ある日河を渡ろうとしていた。ちょうどその時、越の国の兵士たちも、その河を渡りつつあった。ところが突然風がおこり、舟はくつがえされ、たがいに助け合わなければみな死んでしまうような状態になった。そのとき彼らは、おたがいが敵であることなど考えず、それとは逆に、温かいまことの友情から期待できるような、あらゆる奉仕を交しあった。この挿話を思いおこしてほしいというのは、他でもない。味方の隊のあいだで助け合うのは勿論のこと、友邦の軍に対しても、また占領地の人民に対しても、必要とあれば助けを与えるべきだということを、わかってもらいたいからである。彼らが服従しているのは、それ以外にしようがなかったからである。彼らの主君が宣戦布告をしたとしても、それは彼らの過ちではないからである。彼らに対して奉仕するがよい。さすれば彼らもその返礼をすることができるにちがいない。〉

これはほんの一例であるが、神父の訳法を、また原典と仏訳文とのあいだの視点のずれを、よくうかがい知ることができる。簡古な漢文を自由に訳出し、その訳文をさらに独創的な論評の素材とした場合、その結果と原意とのあいだに若干の乖離が生ずる可能性は多分にある。このような状況においていまの場合、漢文原典の参照は不要と思われたので省略し、アミオ訳を忠実に訳出するよう留意した。

本書の第二部は、まずはじめ一九五一年、〈Quatre essais de sociologie contemporaine〉(四つの現代社会学的考察)の第四部として発表された。その後この書は九州大学の内藤莞爾氏により翻訳され、一九七一年弘文堂から、『聖なるものの社会学』という題名のもとに刊行された。別の著作の一部をなしているという事実はそれとしても、すでに邦訳の出版されているこの部分をふたたび本書の第二部として訳出することは、訳者として、屋上屋を重ねる感を禁じ得なかった。この弘文堂版には、訳者の大変詳細な注もつけられており、本書の訳者としても、訳文・注文とも大いに参考にさせていただいた感謝の念を、この場をかりて表明させていただく。しかし、事実上別の著作の一部をなしており、訳者として自分なりの理解もあったので、あえて自分なりの訳を試みた次第である。

ただし、一九五一年に発表されたものとこの訳書の原著として発表されたものとのあいだには、若干の相違点が認められる。すなわち、後者においては前者のなかのいくらかの部分が省かれているのである。しかしこれら削除された部分に述べられている内容は、原著第一部のなかで展開され詳述されている。したがって、これらの部分について行なわれた削除は、第一部との関連において重複をさけたためのものと考えてよいであろう。

原著巻末には、アミオ神父の訳になる孫子、呉子、司馬法の断章一〇片と、エルンスト・ユンガーの〈Der Kampf als inneres Erlebnis〉の仏訳版の断章三片が付けられている。孫子、呉子、司馬法は、兵書七書のうちでも最も重要なものとして、わが国でも古典とされており、原典も容易にみることができ、訳出する必要を認めないのでこれを省略した。またユンガーの断章も、本書を読むにあたり不可欠なものではなく、また強いて仏訳より重訳する必要もないので省略した。

末筆ながら、本書の翻訳をおすすめ下さった明治大学の宇佐見英治先生、漢籍の照合解釈について御指導下さった竹田復先生、出版に当たって多大の御世話になった法政大学出版局の藤田信行氏に対して、心からの御礼を申上げる。

一九七四年九月

秋枝茂夫

りぶらりあ選書
戦争論――われわれの内にひそむ女神ベローナ
1974年12月5日　初版第1刷発行
2022年5月30日　新装版第4刷発行

著　者　ロジェ・カイヨワ
訳　者　秋枝茂夫
発行所　一般財団法人　法政大学出版局
〒102-0071 東京都千代田区富士見2-17-1
電話03(5214)5540 振替00160-6-95814
製版，印刷：三和印刷
製本：積信堂

ISBN978-4-588-02271-5
Printed in Japan

著　者

ロジェ・カイヨワ（Roger Caillois）

1913-78．フランスのマルヌ県ランスに生まれる．エコール・ノルマルを卒業後アンドレ・ブルトンに会い，シュルレアリスム運動に参加するが数年にして訣別する．38年バタイユ，レリスらと「社会学研究会」を結成．39-44年文化使節としてアルゼンチンへ渡り「レットル・フランセーズ」を創刊．48年ユネスコにはいり，52年から《対角線の諸科学》つまり哲学的人文科学的学際にささげた国際雑誌『ディオゲネス』を刊行し編集長をつとめた．71年アカデミー・フランセーズ会員．思索の大胆さが古典的な形式に支えられたその多くの著作は，詩から鉱物学，美学から動物学，神学から民俗学と多岐にわたる．思索的自伝『アルペイオスの流れ』をはじめ，『自然と美学』『戦争論』『幻想のさなかに』〔以上邦訳は法政大学出版局刊〕『遊びと人間』『文学の思い上り』『蛸』『石が書く』『カイヨワ幻想物語集：ポンス・ピラトほか』などが邦訳出版されている．

訳　者

秋枝茂夫（あきえだ しげお）

1931年生る．54年早稲田大学文学部卒業．64-67年ベルギー政府留学生としてルーヴァン大学高等哲学院に学ぶ．68年早稲田大学大学院博士課程修了．横浜市立大学教授を経て現在，同大学名誉教授．

訳書：ジャン・ピアジェ『教育の未来』，エドガール・モラン『二十世紀からの脱出』，ドゥギー／デュピュイ『ジラールと悪の問題』（共訳），ミシェル・セール『世界戦争』〔以上、法政大学出版局刊〕．